奶牛场粪污处理与还田利用技术

主　编　刘福元

副主编　杨井泉　郜兴亮　魏　勇

U0238825

中国农业出版社

北　京

图书在版编目（CIP）数据

奶牛场粪污处理与还田利用技术 / 刘福元主编 . ——
北京：中国农业出版社，2022.5
ISBN 978 - 7 - 109 - 29254 - 3

Ⅰ . ①奶… Ⅱ . ①刘… Ⅲ . ①乳牛场－粪便处理－废
物综合利用 Ⅳ . ①S823.9

中国版本图书馆 CIP 数据核字（2022）第 051252 号

中国农业出版社出版

地址：北京市朝阳区麦子店街 18 号楼
邮编：100125
责任编辑：程　燕
版式设计：杜　然　责任校对：吴丽婷
印刷：北京中兴印刷有限公司
版次：2022 年 5 月第 1 版
印次：2022 年 5 月北京第 1 次印刷
发行：新华书店北京发行所
开本：720mm×960mm　1/16
印张：11.25
字数：195 千字
定价：90.00 元

奶牛场粪污处理与还田利用技术

主　编　刘福元

副主编　杨井泉　郜兴亮　魏　勇

参　编　（按姓氏笔画排序）

王　伟　王　众　毋　婷　曲永清　刘　刚

刘　康　刘军林　刘盛林　杜俊强　李　博

李守江　李梅英　吴妍妍　何立雄　冷青文

汪　保　宋志强　张文涛　罗文忠　周　岭

赵新林　柳　杰　徐　珊　郭亚婷　翟中葳

　　新疆是我国国土面积最大的省份，也是我国的畜牧业大省，奶牛是主要的畜种之一。随着奶牛规模化养殖的不断发展，其产生的大量粪污已成为影响牧场环境和制约牧场生产的主要问题。新疆农垦科学院刘福元研究团队针对制约新疆地区奶牛场粪污处理和粪肥利用的主要环节和关键技术问题，经过10年的研究，提出了奶牛场科学选址的"四地"思维和功能区精准设计方法；总结了奶牛粪便制作牛床垫料和奶厅污水分离收集等循环利用技术；筛选出适合新疆地区应用的奶牛场粪污收集、固液分离、堆肥抛翻、粪水处理等工艺设备，解决了利用养殖粪水滴灌还田堵塞的问题。通过补齐测算参数体系、归纳处理工艺组合，开发出适合新疆兵团应用的兵、师、团、场四级六种养殖工艺下的畜禽粪污土壤承载力测评系统，为新疆地区农牧结合与种养平衡发展提供了技术支撑，对推动全国畜牧业绿色高质量发展，具有重要的指导作用和应用价值。

　　《奶牛场粪污处理与还田利用技术》一书，以养殖粪污资源化利用"源头减量—循环利用—过程拦截—末端治理"为主线，系统梳理、归纳和构建了规模化奶牛场粪污处理与还田利用技术体系。全书内容丰富、信息量大、逻辑性强、技术实用。我向读者推荐此书，期待能为广大农牧民同志、农技推广人员、管理工作者及相关从业人员开展相关工作时提供参考和指导。

中国工程院院士

新疆农垦科学院研究员

2022 年 2 月 20 日

保护环境是我国的基本国策，生态文明建设是"五位一体"总体布局的重要组成部分。当前，我国已转向高质量发展阶段，但农业面源污染和生态环境治理还处在治存量、遏增量的关口，还需要持续推进农业绿色发展。国内外的实践表明，农牧业废弃物的无害化处理和资源化利用，是控制农业环境污染、改善农村环境、发展循环经济、实现农牧业可持续发展的有效途径。

"十三五"以来，国家相继出台了多项法律法规，对养殖粪污资源化利用的要求逐步提高，粪污资源化利用已经成为养殖企业的刚性需求，成为制约我国畜牧业高质量持续发展的瓶颈。其中，奶牛的粪污处理和资源化利用是一个重点也是一个难点。这是因为目前我国奶牛养殖的规模化程度相对较高，且粪污含水量高，处理工艺相对复杂，达标排放成本过高，加上污水营养含量低，长途运输不划算，只能就近就地还田利用。一头奶牛每天粪污量平均达到 45 kg，全国奶牛存栏 1 000 万头，年产粪污量就达到了 1.64 亿 t，折纯氮（N）80 万 t，折五氧化二磷（P_2O_5）63 万 t。同时我们要认识到养殖粪污不同于工业污染，它具有两面性，是放错地方的资源，如果处理不当就会造成污染，如果科学利用就能变废为宝。通过生产有机肥，能改良土壤，培肥地力，提高农产品质量；通过加强畜禽养殖污染防治，推进农业面源污染治理，能提升耕地质量，构建与资源环境禀赋相适应的以粪肥还田利用为纽带的种养结合循环发展格局，实现环境保护和经济效益之间的双赢，推进畜牧业高质量、可持续发展。

本书共分为十章，以粪污资源化利用"源头减量—循环利用—过程拦截—末端治理"为主线，前端与养殖工艺相匹配，后端和种植农艺相结合，综合阐述奶牛场粪污处理与还田利用技术。本书分别介绍了奶牛粪污的产生量与环境危害、奶牛场及粪污处理设施建设等要点、奶牛场粪污收集清运、粪污固液分离、好氧堆肥发酵、氧化塘发酵、厌氧发酵及循环利用技术工艺模式与设备选型，以及奶牛场土地承载力测算与农田利用方法。本书可以作为大型养殖场工艺设备选型、技术方案设计、工艺参数查阅的参考书，也可以作为粪污资源化利用技术研究人员、工程设计人员，以及管理和操作人员的工具书。

本书包含了主编多年来的研究成果和技术经验，同时也借鉴了近年来国内外多位学者的最新研究成果，在此一并致谢！粪污资源化利用技术属于交叉学科，涉及的学科技术门类较多，鉴于作者水平有限，加之编写时间仓促，书中难免存在不足之处，恳请读者批评指正，并多提宝贵意见和建议，以便本书再版时纠正。

刘福元

2021 年 9 月 9 日

C O N T E N T S 目 录

前言

第一章

奶牛场粪污产生量、环境危害及利用模式

一、奶牛产污系数

（一）奶牛产污系数的定义和计算方法

奶牛产污系数是指在典型的正常生产和管理条件下，单位时间内单头奶牛所产生的原始污染物总量，包括粪尿量以及粪尿中各种污染物的产生量。

考虑到奶牛的产污系数与其品种、生产阶段、饲料特性等相关，为了便于计量奶牛养殖的产污系数，一般以天为单位，计算单头奶牛在不同饲养阶段的产污系数。奶牛产污系数具体计算公式如下：

$$FP_{i,j,k}=QF_{i,j}\times CF_{i,j,k}+QU_{i,j}\times CU_{i,j,k}$$

式中　　$FP_{i,j,k}$——每头每天产污系数，mg/d；

$\quad\quad QF_{i,j}$——每头每天粪产量，kg/d；

$\quad\quad CF_{i,j,k}$——第 i 种动物第 j 生产阶段粪便中含第 k 种污染物的浓度，

$\quad\quad\quad\quad\quad$ mg/kg；

$\quad\quad QU_{i,j}$——每头每天尿液产量，L/d；

$\quad\quad CU_{i,j,k}$——第 i 种动物第 j 生产阶段尿中含有第 k 种污染物的浓度，

$\quad\quad\quad\quad\quad$ mg/L。

从公式可以看出，奶牛原始污染物主要来自其生产过程中产生的固体粪便和尿液两部分。为了能够准确地了解各种组分的原始污染物产生量，需要先测定不同奶牛每天的固体粪便产生量和尿液产生量，同时采集粪便和尿液样品进行成分分析，分析固体粪便含水率、有机质、总氮、总磷、铜、锌、铅、镉等浓度，以及尿液中的化学需氧量、氨氮、总氮、总磷、铜、锌、铅、镉等浓度，再根据产污系数计算公式就可以算出粪尿中各种组分的产污系数。

为了便于统计和分析比较，建议将奶牛分为出生犊牛、育成牛和成乳母牛3个阶段。

奶牛产污系数作为奶牛养殖污染状况的重要基础数据，是对奶牛粪便主要污染物含量平均水平的估算值，在大区尺度上具有较高的预测精度，对于合理估算和预测奶牛粪便主要污染物的产生量和浓度、快速核算区域奶牛养殖产排污量、在宏观层面上了解奶牛粪便污染状况，以及制定相关政策具有重要的意义。

但由于奶牛饲料成分摄入量及体重等均会影响奶牛产污系数，所以不同学者对奶牛产污系数的确定也存在较大差异，而且国内外对奶牛产污系数的计算也存在一定的差异。

（二）奶牛粪尿排泄量

畜禽每日的粪便排泄量与品种、体重、生理状态、饲料组成和饲喂方式等均相关，同时也与环境如季节、气候、管理水平等因素有关。奶牛多随意排便，通常是站立排便或者边走边排粪，排尿时则往往站立着。一般情况下，一头成乳牛每日排粪 10～20 次，排粪量 30～40 kg，随摄食量、生理状况和日粮组成等因素而变动于 15～60 kg。一头成年母牛每日排尿 7～12 次，排尿量 10～18 kg，排尿量范围在 6～25 kg 之间。奶牛场每天清洗乳房和挤奶设备、冲洗牛舍等排放的污水，平均为每头牛 40～150 kg。如果用锯末作垫料则需要锯末 2～5 t，如果用稻草作垫料则需要稻草 1～3 t。100 头奶牛日产厩肥总量 8 t 以上，年产 3 000 t 以上。

2017 年开展了第二次全国污染源普查工作，对不同区域、不同养殖阶段畜禽粪尿主要污染物产生量进行了调查，此次全国普查对象数量共 358.32 万个（不含移动源），其中包括畜禽规模养殖场 37.88 万个。2017 年，水污染物排放量为化学需氧量 1 000.53 万 t，氨氮 11.09 万 t，总氮 59.63 万 t，总磷 11.97 万 t。其中，畜禽规模养殖场水污染物排放量为化学需氧量 604.83 万 t，氨氮 7.50 万 t，总氮 37.00 万 t，总磷 8.04 万 t。

我国畜禽养殖区域化较明显，不同区域的污染物产生量差异较大，目前尚未有相应的国家标准。包维卿（2018）对全国 7 位学者测定的奶牛粪尿排泄系数汇总分析平均值为 52.24 kg/d，即 19.07 t/a；王方浩（2006）分析出中国奶牛年产粪便量为 19.4 t；美国农业工程师协会分析出奶牛年产粪便量为 20.1 t。

包维卿（2018）按照规模化奶牛场各期牛的正常牛群结构测算（表 1-1），华北地区粪尿排泄量为 37.99 kg/d，东北地区粪尿排泄量为 39.44 kg/d，华东地区粪尿排泄量为 40.09 kg/d，中南地区粪尿排泄量为 39.46 kg/d，西南地区粪尿排泄量为 38.11 kg/d，西北地区粪尿排泄量为 26.35 kg/d。

表 1-1　以不同地区奶牛不同养殖阶段粪尿排泄量的实测取值

（单位：kg/d）

奶牛分期	华北	东北	华东	中南	西南	西北
育成期	23.02	22.95	21.54	25.43	21.90	17.00
泌乳期	46.05	49.15	49.90	47.67	46.84	31.39
按种群结构平均值	37.99	39.44	40.09	39.46	38.11	26.35

（三）奶牛粪尿排泄量与采食量的关系

张振伟（2015）研究表明（表 1-2）：育成牛（平均体重 322 kg）每日排粪量 11.71 kg，每日排尿量 7.79 kg，粪便含水率 78.70%，粪中氮、磷含量分别为 7.12 g/kg 和 10.33 g/kg，尿液中氮、磷含量分别为 5.04 g/kg 和 0.03 g/kg；成年泌乳牛（平均体重 700 kg）每日排粪量 25.73 kg，每日排尿量 18.03 kg，粪便含水率 82.35%，粪中氮、磷含量分别为 8.69 g/kg 和 11.70 g/kg，尿液中氮、磷含量分别为 5.11 g/kg 和 0.04 g/kg。

表 1-2　奶牛粪、尿产生量及其氮、磷含量

类型	项目	重量平均/（kg/d）	含水量平均/%	平均氮含量/（g/kg）	平均磷含量/（g/kg）
育成牛（平均体重 322 kg）	粪	11.71	78.70	7.12	10.33
	尿	7.79	—	5.04	0.03
泌乳牛（平均体重 700 kg）	粪	25.73	82.35	8.69	11.70
	尿	18.03	—	5.11	0.04

张振伟（2015）研究表明（表 1-3）：育成牛在不同季节中氮、磷、铜、锌排泄量均存在着差别；其中氮的排泄量以夏季最高，春季最低；磷的排泄量以夏季最高，显著高于其他各季节；铜的排泄量以夏季最高，春夏季显著高于秋冬季；锌排泄量以冬季最低，显著低于其他各季节；泌乳牛阶段的奶牛在不同季节中氮、磷、铜、锌排泄量均存在着差别，其中氮的排泄量以夏季最高，春季最低；磷的排泄量以夏季最高，显著高于其他各季节；铜的排泄量以春季最高，春秋季显著高于夏冬季；锌排泄量以冬季最低，显著低于其他各季节。

表 1-3 不同生长阶段奶牛四季产物系数的比较

（单位：g/d）

生长阶段	测试项目	春季	夏季	秋季	冬季	平均
育成牛阶段 （平均体重 322 kg）	TN	103.94	141.21	129.05	116.51	122.677 5
	TP	91.99	248.51	98.42	46.16	121.27
	Cu	0.557 68	0.566 03	0.307 29	0.271 47	0.425 617 5
	Zn	1.911 01	1.733 05	1.621 62	0.926 21	1.547 973
泌乳牛阶段 （平均体重 700 kg）	TN	369.99	253.93	360.45	278.80	315.792 5
	TP	212.12	520.58	351.57	122.96	301.807 5
	Cu	1.286 19	0.989 65	1.122 38	0.612 46	1.002 67
	Zn	4.662 69	5.649 93	5.025 79	2.139 89	4.369 575

张振伟（2015）研究表明（表 1-4）：采食量、粪尿产生量与奶牛体重相关，随着奶牛的体重增加，成年泌乳奶牛相对于育成期奶牛单位体积采食量有所下降，但单位体重粪尿产生量相对增加，致使单位体重污染物（总氮、总磷、铜、锌）的产生量也相应增加，成年泌乳牛的单位体重污染物产生量比育成牛高 16.49%，这表明成年泌乳奶牛对环境的贡献率要高于育成期奶牛。

表 1-4 采食量与粪尿产生量及污染物产生量的对比分析

（单位：kg/d）

测定指标	育成牛（平均体重 322 kg）	泌乳牛（平均体重 700 kg）
采食量	15.67	33.19
单位体重采食量	0.048 7	0.047 4
粪产生量	11.71	25.73
单位体重粪产生量	0.036 3	0.036 8
尿产生量	7.79	18.03
单位体重尿产生量	0.024 2	0.025 8
污染物产生量	0.245 92	0.622 97
单位体重污染物产生量	0.000 764	0.000 890

注：污染物主要包括总氮、总磷、铜和锌。

张振伟（2015）研究表明（表 1-5）：育成期奶牛（平均体重 322 kg）和成年泌乳奶牛（平均体重 700 kg）日采食氮量平均分别为每头 168.55 g/d 和每头 379.01 g/d，粪产生氮量平均为分别每头 83.40 g/d 和每头 223.66 g/d，尿产生氮量平均分别为每头 39.29 g/d 和每头 92.13 g/d。在日粮平均粗蛋白水平为 12.7% 情况下，育成期奶牛每日粪氮、尿氮产生量分别占日采食氮量 49.48% 和 23.31%，即每日所采食氮量仅有 27.21% 被机体所利用，约为 45.86 g。在日粮平均粗蛋白水平为 15.97% 情况下，成年泌乳奶牛每日粪氮、尿氮产生量分别占日采食氮量 59.01% 和 24.31%，即 16.68% 用于泌乳、维持其增重需要。

表 1-5　采食氮量与粪尿产生氮量的对比分析

（单位：g/d）

测定指标	育成牛（平均体重 322 kg）	泌乳牛（平均体重 700 kg）
采食氮量	168.55	379.01
单位体重采食氮量	0.523 4	0.541 4
粪氮产生量	83.40	223.66
单位体重粪氮产生量	0.259 0	0.195
尿氮产生量	39.29	92.13
单位体重尿氮产生量	0.122 0	0.131 6
粪尿氮总产生量	122.68	315.79
单位体重粪尿氮总产生量	0.381 0	0.451 1

据 Tamminga（1992）估计，奶牛摄入总氮的 50%、29% 分别从粪、尿中排出体外，而只有剩下的 21% 被机体吸收利用。MacRea（1996）也指出，反刍动物将日粮中蛋白成分转化为畜产品的效力还不到 20%，而多数未被利用的氮则排向环境，造成很大的污染。还有研究表明，从牛体排出的氮约占摄入氮总量的 89%，因而其成为主要的环境关注物。

从单位体重氮量方面进行比较还可看出，成年泌乳奶牛单位体重日采食氮量、粪氮量、尿氮量均高于育成期奶牛，即在单位体重下，成年泌乳奶牛对环境的贡献率要高于育成期奶牛。

磷元素主要通过粪便排泄，在尿液中含量甚少。张振伟（2015）研究表明（表 1-6）：育成期奶牛（平均体重 322 kg）通过采食饲料摄入磷量为每头 155.42 g/d，通过粪尿排泄磷量为每头 121.01 g/d，约占日采食磷量 77.86%；成年泌乳奶牛（平均体重 700 kg）磷摄入为每头 475.20 g/d，通过粪尿排泄磷量为每头 301.14 g/d，占日采食磷量 63.37%。由于磷在土壤中的移动性较差，易累积，在碱性条件下又与碳酸钙和碳酸镁发生反应，故若将奶牛粪便直接作为磷肥，其有效性较低。

成年泌乳奶牛单位体重日采食磷量、粪磷量、尿磷量均高于育成期奶牛，即在单位体重下，成年泌乳奶牛对环境的贡献率要高于育成期奶牛。但过多的磷会通过土壤淋洗进入地表径流，造成地表水污染及水源富氧化。

表1-6　采食磷量与粪尿磷产生量的对比分析

（单位：g/d）

测定指标	育成牛（平均体重 322 kg）	泌乳牛（平均体重 700 kg）
采食磷量	155.42	475.20
单位体重采食磷量	0.482 7	0.678 9
粪磷产生量	121.01	301.14
单位体重粪磷产生量	0.375 8	0.430 2
尿磷产生量	0.27	0.67
单位体重尿磷产生量	0.000 798	0.000 951
粪尿磷总产生量	121.27	301.81
单位体重粪尿磷总产生量	0.376 6	0.431 2

　　铜、锌元素主要通过粪便排泄，在尿液中含量甚微。张振伟（2015）研究表明（表1-7）：育成期奶牛（平均体重 322 kg）和成年泌乳奶牛（平均体重 700 kg）粪便铜产生量分别占日采食铜量 86.00% 和 60.24%，粪便锌产生量分别占日采食锌量 92.26% 和 75.74%。在单位体重下，成年泌乳奶牛对环境的贡献率要高于育成期奶牛。铜、锌在土壤中移动性很小，不易随水淋滤，也不被微生物降解，易造成土壤板结，使土壤肥力下降。

表1-7　采食铜、锌量与粪尿铜、锌产生量的对比分析

（单位：g/d）

测定指标	育成牛（平均 322 kg）	泌乳牛（平均 700 kg）
采食铜量	0.50	1.66
单位体重采食铜量	0.001 56	0.002 38
粪铜产生量	0.43	1.00
单位体重粪铜产生量	0.001 32	0.001 43
采食锌量	1.68	5.77
单位体重采食锌量	0.005 23	0.008 24
粪锌产生量	1.55	4.37
单位体重粪锌产生量	0.004 81	0.006 24

　　注：尿中铜、锌含量都很低，可以忽略不计，因此本表中未列入。

育成牛粪样有机质含量为 49.98%，泌乳牛粪样有机质含量为 55.75%。

二、奶牛产污系数模型

（一）数学模型法的定义与建模思路及特点

数学模型法是根据全面且可靠的基础数据及实测数据，利用现代数据处理技术，找出各参量之间的函数关系，进而建立起预测粪便主要污染物含量的数学模型。目前国内外预测畜禽粪便主要污染物含量的数学模型主要集中于以下3个方面：一是基于日粮营养组成快速预测畜禽粪便主要污染物含量；二是基于粪便理化性质快速预测畜禽粪便主要污染物含量；三是基于近红外光谱分析快速预测畜禽粪便主要污染物含量。

数学模型法则主要基于各养殖场养殖粪便的特性对其主要污染物含量进行预测，其结果更加接近真实值，也具有更广泛的适用性。其中基于日粮营养组成建立的预测模型精度相对较低，适用于可获得日粮营养组成的规模化养殖场，对其畜禽粪便有机质、氮、磷含量进行估算，为其粪便的资源化和无害化利用提供基础数据。基于粪便理化指标建立的预测模型精度较高，有助于相关技术人员基于已建立的回归方程研制开发粪便有机质、氮、磷自主知识产权速测装置，对于实现粪肥还田的在线检测具有重要指导意义。基于近红外光谱分析建立的预测模型精度高，适用于在实验室分析畜禽粪便的有机质、氮、磷含量，能实现畜禽粪便主要污染物含量的在线分析。

（二）奶牛产污系数模型研究进展

研究表明，畜禽粪便主要污染物的含量与动物的种类、品种、性别、生长期、体重、日粮组成及季节气候等诸多因素有关，其中日粮因素起主导作用。许多研究人员基于理论分析和实验基础，探讨了畜禽日粮营养组成与其粪便主要污染物含量的相关性，建立了基于日粮营养组成快速预测畜禽粪便主要污染物含量的回归方程。

研究发现，奶牛体重及日粮中干物质的摄入量与奶牛粪便有机质含量的线性相关性较强，基于其建立的回归方程的相关系数约为 0.8，这表明利用奶牛体重及日粮干物质摄入量可较好地预测奶牛粪便有机质含量。而奶牛粪便氮、磷的产生量与日粮中相应元素的摄入量密切相关，且增加干物质、有机质摄入量以及奶牛体重等预测因子对粪便氮、磷产生量的预测方程的精度有显著提高。

陈海媛等（2012）以中国荷斯坦奶牛产污系数试验资料为基础，分析饲料摄入量及成分与排出粪污污染物之间的关系，构建适用于我国奶牛产污系数模型，避免了外界因素如饲料摄入量、试验误差等的影响，解决了因奶牛体重、饲料成分摄入量不同等问题而带来的误差，同时该模型由于包括了不同季节、不同样本、不同奶牛养殖场等影响因素，其结果适用性广泛。本模型育成牛和产奶牛排粪量用采食量、摄入氮、摄入磷和摄入铜 4 个因子预测；育成牛排氮量可用采食量、摄入氮两因子预测，产奶牛的排氮量可用摄入氮预测；产奶牛和育成牛的排磷量均可用摄入磷预测（表 1-8、表 1-9）。

表 1-8　育成牛排粪量、粪尿成分的回归方程

因变量	自变量	回归方程	R^2	Sig
排粪量 （$y_{粪}$）	采食量（x_1） 摄入氮（x_2） 摄入磷（x_3） 摄入铜（x_4）	$y_{粪}=0.416x_1+51.188x_2+19.065x_3-14\,784.985x_4+475.139$ 或 $y_{粪}=0.002\,7x_1^2-0.488\,7x_2+128.15$	0.980 0.714	$P<0.001$ $P<0.05$
排出氮 （y_N）	采食量（x_1） 摄入氮（x_2）	$y_N=0.005x_1+0.455x_2-39.168$	0.729	$P<0.05$
铵态氮 （$y_{(NH_3-N)}$）	摄入氮（x_2） 摄入磷（x_3）	$y_{(NH_3-N)}=0.053x_2+0.047x_3+1.694$ 或 $y_{(NH_3-N)}=-0.001x_3^2-0.002\,9x_3+4.224$	0.949 0.762	$P<0.01$ $P<0.05$
排出磷 （y_P）	摄入磷（x_3）	$y_P=8.578e^{0.013\,8x_3}$	0.805	$P<0.01$

表 1-9　产奶牛排粪量、粪尿成分的回归方程

因变量	自变量	回归方程	R^2	Sig
排粪量 （$y_{粪}$）	采食量（x_1） 摄入氮（x_2） 摄入磷（x_3）	$y_{粪}=0.765x_1+5\,134.7$ 或 $y_{粪}=1.118x_1-21.660x_2+13.864x_3-558.345$	0.524 0.772	$P<0.05$ $P<0.1$
排出氮 （y_N）	摄入氮（x_2）	$y_N=0.001x_2^2-0.324x_2+240.6$	0.810	$P<0.001$
铵态氮 （$y_{(NH_3-N)}$）	摄入氮（x_2） 摄入磷（x_3） 摄入铜（x_4）	$y_{(NH_3-N)}=-0.051x_2-13.513$ 或 $y_{(NH_3-N)}=0.181x_2+0.056x_3-61.602x_4-22.626$	0.555 0.860	$P<0.05$ $P<0.1$
排出磷 （y_P）	采食量（x_1） 摄入氮（x_2） 摄入磷（x_3）	$y_P=63.633\ln(x_3)-219.24$ 或 $y_P=-0.002x_1-0.449x_2+0.361x_3+278.851$	0.710 0.862	$P<0.001$ $P<0.05$

三、奶牛场废水产排分析

(一) 牛尿

成年母牛每日排尿量为每头 8.19 kg/d，后备牛每日排尿量为每头 13.19 kg/d，约占总废水量的 30％～50％。

(二) 牛舍冲洗水

分为干清粪、水冲粪、水带粪等不同模式。一般情况下，成年母牛牛舍冲洗用水占总废水量的 30％～80％。

(三) 喷淋水

牛场所处的地域环境不同，喷淋降温时期有所不同。部分牛场在 7 月、8 月、9 月对成年母牛进行喷淋降温，喷淋降温用水占总废水量的 50％～60％。

(四) 奶厅废水

泌乳牛奶厅废水日产排量稳定，常为强酸性或强碱性，含盐量高，占总废水量的 20％～40％。奶厅废水包括了蹄浴保健废水、环境消毒废水、管道消毒废水、奶罐消毒废水、奶台消毒清洗废水。

1. 蹄浴保健废水 一般在奶厅回牛通道上设有蹄浴保健池，主要成分有硫酸铜（5％～7％，千头 80 kg 用量）、戊二醛（1.3％～2％）、葵甲溴铵（1.3％～2％）、百里香酚（0.5％～1％）、安灭杀（5％）。每周 1～3 次。该种废水量小难收集，平均 0.2～0.68 L/头。

2. 环境消毒废水 整个奶厅及周边，主要使用氢氧化钠（2％～5％）、季铵盐（0.25％）、过氧乙酸（0.3％），消毒次数一般为每周 3 次。该种废水量小且难收集。

3. 管道消毒废水 配方酸碱液。一般每日 3 次，每头 6～10 L/d。

4. 奶罐消毒废水 配方酸碱液。一般每日 1～3 次，每头 3～5 L/d。

5. 奶台冲洗消毒废水 奶厅每日清水冲洗以及环境消毒，每日 3 次，每头 6～12 L/d。

四、奶牛场粪污的危害

(一) 奶牛粪污对水体的影响

规模化奶牛场粪污对水体的影响主要体现在粪污的面源污染特性上。养殖场粪污含有大量有机物质和微生物，甚至各种病原体。孟祥海等（2012）采用大量数据分析得出，水体环境污染是我国畜牧业发展面临的首要环境约束因子。如不经有效处理而直接排放于环境或通过径流等进入地下水体，就必然改变水体的理化性质、微生物体系，直接影响水质，甚至影响人体健康。

1. 流失率高　畜禽粪便进入水体的流失率高达 25%～30%，液体排泄物可能达到 50%。据统计，畜禽粪便中氮、磷的流失量已经超过了化肥的流失量，约为化肥流失量的 122% 和 132%。另外，畜禽粪便污水中还含抗生素、激素、农药、重金属等残留物，进入水体后将会在水生生物和鱼虾体内大量积累，由此再引起食物链的污染。

2. 加剧水体富营养化　大量有机物进入水体后，其分解需要大量消耗水中的溶解氧，从而使水体发臭。污水中的大量悬浮物可使水体浑浊，影响水中藻类的光合作用，限制水生生物的正常活动。氮、磷可使水体富营养化，同时藻类漂浮在水面上遮蔽阳光，阻碍水中植物的光合作用，使水生植物和水中的鱼类等因缺氧和缺乏食物而死亡腐烂。水生植物及鱼类等死亡腐烂后又产生大量的硫化氢、氨、硫醇等恶臭物质，使水质发黑和变臭。富营养化还会使水体中硝酸盐、亚硝酸盐浓度过高，如果人畜长期饮用会引起中毒。

3. 改变水体功能　畜禽养殖粪尿的淋溶性极强，可通过地表径流污染地表水，也可经过土壤渗入地下污染地下水，造成地表水和地下水的污染。水中氮、磷及有机质的大量增加，引起水质恶化，水硬度增高，同时也使得细菌总数超标，失去饮用价值和灌溉利用价值，甚至危及周边生活用水水质，严重影响周围的生活环境。此外，氮挥发到大气中又会增加大气的氮含量，严重时造成酸雨，危害农作物。而且，畜禽粪污中的有毒、有害成分一旦进入地下水中，可使地下水溶解氧含量减少，使水体中的有毒成分增多，造成持久性的有机污染，使原有水体丧失使用功能，且极难治理和恢复。

（二）奶牛粪污对土壤及作物的影响

1. 过量施用的危害　畜禽粪便中含有作物生长所需的氮、磷、钾和有机质等养分，传统散养方式下的畜禽粪便还田不仅能提高农作物产量，还能起到改良土壤和培肥地力的作用，但过量施用会造成农作物减产与产品质量下降。研究表明，高氮施肥（纯氮 138 kg/hm²）条件下，作物体内积存大量氮素，会导致其农艺性状变劣，如水稻的空秕率增加 6%，千粒重下降 7.5%。集约化养殖场畜禽粪便排放量大且集中，由于缺乏耕地承载，农牧产生脱节，粪污密度增大，若持续施用过量养分，土壤的贮存能力会迅速减弱，过剩养分将通过径流和下渗等方式进入河流或湖泊，造成水环境污染。废水中的大量有机物质在土壤中不断累积，也会导致一些病原菌大量滋生，导致农作物病虫害的发生。此外，大量有机物的积累也会使土壤呈强还原性，而强还原性的土壤不仅影响作物的根系生长，而且易使土壤中原本处于惰性状态的有害元素得到还原而释放。无机盐在土壤中大量积累则会引起作物的盐害。

2. 重金属的危害　有些饲料中的磷、铜、锌、砷等微量元素含量超标，进食这种饲料的动物排出的含超标微量元素的粪便将在土壤中形成富集作用，进而造成土壤盐分和重金属的积累。过量重金属能引起动物生理功能紊乱、营养失调，重金属还能使土壤 pH、盐分等发生变化，导致土壤孔隙堵塞，可造成土壤透气性、透水性下降，造成土地板结、土壤的结构和功能失调、土壤肥力下降，严重影响土壤质量。此外，汞、砷元素还能减弱和抑制土壤中硝化、氨化细菌活动，影响氮素供应。重金属污染物在土壤中移动性很小，不易随水淋滤，不被微生物降解，被作物吸收后通过食物链进入人体后，潜在危害极大，所以应特别注意防止重金属对土壤的污染。

（三）奶牛粪污对大气质量的污染

畜禽粪便对大气环境的污染主要表现在两个方面。一是粪污能产生较为浓烈的恶臭，在夏天时则更加显著，影响周边的居民的正常生活。二是奶牛及其废弃物排放的温室气体引发的温室效应。畜禽养殖场的恶臭主要来源于畜禽粪污腐败分解所产生的硫化氢、氨、硫醇、苯酚、挥发性有机酸、吲哚、粪臭素、乙醇和乙醛等上百种有毒有害物质。现已鉴定出恶臭成分在牛粪尿中有 94 种。恶臭气味可污染周围空气，危害饲养人员及周围居民身体健康，影响畜禽的正常生长发育，降低畜禽产品质量，也严重影响环境空气质量。目前，我国 90％的养殖场缺乏恶臭控制的系统设计，控制恶臭的方法大部分为饲料添加剂和传统的草垫物理吸附法，后续恶臭处理技术还没有实际应用，恶臭控制的效果较差。畜牧业温室气体排放主要来自畜禽饲养、粪便管理以及后续的加工、零售和运输阶段，其中畜禽饲养与粪便管理阶段直接排放的温室气体占主导地位。当前，全国动物粪便所产生的甲烷量逐年递增，已经占到了总排放量的 7％左右，奶牛属于反刍动物，会排放大量的臭气，加剧酸雨、温室效应问题。

（四）微生物污染，导致人畜共患疾病

由动物传染给人的人畜共患病有 90 余种，这些人畜共患病的载体主要是畜禽粪便及其排泄物。畜禽体内的微生物主要是通过消化道排出体外，通过养

殖场粪污的排放进入环境从而造成严重的微生物污染。如果对这些粪污不进行无害化处理，尤其是大量的有害病菌一旦进入环境，不仅会直接威胁畜禽自身的生存，还会严重危害人体健康。微生物分离鉴定试验证明，1 kg 的奶牛粪便中含有超过 5 亿的细菌，八成以上为大肠杆菌。同时，在牛场粪污中还存在大量的奶牛线虫卵和蛔虫卵，这些虫卵有着极强的生命力，能够在水中存活至少 1 年。畜禽粪便及养殖场废弃物是人畜共患病的重要载体，而许多病原微生物在较长时间内又可以维持感染性。如果不对畜禽粪便进行无害化处理，直接入田就会造成环境污染，传播诸多疾病，严重危害人类健康。

（五）影响畜禽的自身生长，引起畜禽中毒

畜禽生产的环境卫生状况与畜禽的正常生长发育有很大关系，由粪便产生的氨、硫化氢等气体可使畜禽的生产性能下降。当具有高毒性的污染物高剂量进入空气、水体、土壤和饲料中，通过呼吸道、消化道及体表接触等多种途径进入动物机体，可引起动物的急性中毒。当环境中低浓度的有毒有害污染物长期反复对动物机体作用，可致使动物生长缓慢、抗病力下降、毒害物质在体内残留等，此称慢性危害。有许多污染物对动物机体的影响是逐渐积累的，短期内不显示出明显的危害作用，但在这种低浓度污染环境中经过较长时间，可以逐步引起动物生产性能和繁殖性能下降，使其机体逐渐消瘦，抗病能力下降，发病率增加，严重者造成慢性中毒而死亡。环境污染的慢性危害是个复杂的问题，特别是某些污染物在其低浓度长期影响下，使动物机体抗病力下降，此时更容易继发感染各种传染性疾病。

（六）残留兽药的危害

在养殖过程中，为了防治畜禽的多发性疾病，常在饲料中添加抗生素和其他药物。大量研究表明，抗生素作为饲料添加剂使用，已对养殖环境造成了严重的负面效应。其一是使畜禽体内的耐药病原菌或变异病原菌不断产生并不断向环境中排放。其二，畜禽不断向环境中排放抗生素或其代谢产物，使环境中的耐药病原菌不断产生。这两者反过来又刺激生产者增加用药剂量，更新药物品种。这就造成了"药物污染环境→耐药或变异病原菌的产生→加大用药剂量→环境被进一步污染"的恶性循环。其三，畜禽产品中的各类药物残留进入环境后，也可能转化为环境激素或者环境激素的前体物，对人体产生"双向"毒副作用，且排出人体外的抗生素还会抑制或杀死大量有益菌群，影响生物降解，从而直接破坏生态平衡并威胁人类的身体健康。农业农村部发布第 194 号

公告，表示药物饲料添加剂将在 2020 年全部退出，不能再用于饲料生产中，只能用于养殖端。与此同时，农业农村部公布关于 2018—2021 年开展兽用抗菌药使用减量化行动试点工作的通知，明确了养殖端减抗和限抗的时间表。

由此可见，养殖场粪污造成的危害是十分广泛而深远的，必须进行充分的处理，使其达到无害化，确保养殖业、农业以及外部环境的可持续发展。

五、奶牛场粪污的污染特点

(一) 产量巨大

根据第二次全国污染源普查结果推算，全国畜禽粪污年产生量为 30.5 亿 t。据估算，一个千头奶牛场每日的粪污产生量就高达 50 t，每年就有 1.8 万 t 以上。据联合国粮食及农业组织（FAO）网站报道："到 2050 年，在人类活动引起的温室气体排放量中，畜牧业占 14.5%，是自然资源的一大用户。"面对如此大的畜禽粪便产量，养殖场如果不进行无害化处理和资源化利用，不仅会造成资源浪费，更会对水体、土壤、空气、人体和城市环境构成威胁。从长远看，这不但影响畜牧业的可持续发展，甚至会影响人类的生活质量以及人类的健康。因此，必须加强对养殖业的污染治理，促进畜牧业与环境保护的可持续发展。

(二) 以面源污染为主

所谓面源污染就是指溶解态颗粒污染物在非特定地点，在非特定时间内，在降水和径流冲刷作用下，通过径流过程汇入河流、湖泊、水库、海洋等自然受纳水体，引起的水体污染。而奶牛粪便中包含有大量的 BOD、COD_{Cr}、$NH_3—N$、TP（总磷）、TN（总氮）等有机污染物，另外还含有大量病原微生物和寄生虫卵。因为养殖区域的广泛性、种类的多样性、养殖水平的复杂性等特征，未经处理的粪便污染物就会随着地面径流或积粪池渗漏等污染地表水或地下水。国内外的实践证明，农牧业的面源污染是环境治理的难点领域，在目前我国农村特殊的背景之下，养殖业粪污的治理任务十分艰巨。

(三) 污染物成分复杂、浓度高

与其他垃圾和污染物比较而言，畜禽粪污可以说是一个超级混合物。它的成分十分复杂，诸如无机物、有机物、饲养废弃饲料、治疗残留药物、消毒药，以及病原微生物。2002 年中华人民共和国生态环境部对全国 23 个省（自治区、直辖市）规模化畜禽养殖业污染状况进行了调查，奶牛干清粪收集的粪

便中 COD_{Cr} 平均值为 6 820 mg/L、NH_3—N 平均值为 34.0 mg/L、总氮平均值为 45.0 mg/L、总磷平均值为 12.6 mg/L。吴建敏（2009）等研究结果认为，规模养殖废水的污染超标因子主要有总氮、氨氮、总磷、COD_{Cr}、铁、砷和锰等共性因子，而奶牛污染超标因子排序为：氨氮＞总氮＞铁＞COD_{Cr}＞总磷＞锰＞砷＞汞。

（四）处理难度大

养殖场粪污处理，其难度主要表现在以下几个方面：一是养殖效益与环保投资成本的关系非正相关，使得养殖企业不愿意进行大规模的投资；二是没有足够的耕地和适宜的种植业消解大量畜禽粪便，特别是规模较大的养殖场其粪便消解压力更大；三是粪便的发酵、无害化处理，乃至产业链深度经验等，既需要技术和人才，更需要全社会的认同和合作，这方面还需要一个过程。

（五）具有两面性

畜禽粪污不像工业污染，它具有两面性，属于放错地方的资源。倘若不加利用或利用不当，会造成严重的环境污染问题；而如果进行资源化利用，可实现变废为宝。畜禽粪污可制作成有机肥，投资成本较小且就地利用方便，对改良土壤、培肥地力和促进农作物增产有重要作用。有关部门按照支持耕地地力保护的政策目标，创新补贴方式方法，通过推广有机肥等综合措施提升耕地地力。未来能源化利用也是畜禽粪污处理的一大发展方向。粪污转化成沼气、生物天然气或发电上网，为农村提供清洁可再生能源，实现了废弃物的高效利用。2015 年年底，全国户用沼气达到 4 000 万户，受益人口超过 2 亿人；以畜禽粪污为主要原料的沼气工程共 11 万处，年产沼气超过 20 亿 m^3。

六、奶牛场粪污处理原则

养殖场粪污处理不同于其他生产领域的废弃物处理，在实际生产实践中，应当坚持如下原则。

（一）资源化利用原则

畜禽粪污不同于工业污染物，它是一种放错地方的可利用的资源。所以不能照搬治理工业废弃物的思路，采用达标排放的模式来治理畜禽粪污污染，而应该低成本、就近就地资源化利用。国家的一系列法律法规都在倡导和鼓励畜禽粪污的资源化利用，要贯彻源头减量、过程控制、末端利用。农牧结合是畜禽粪污资源化利用最经济的模式，是首选的路径。粪污就是要作为肥料还田，这是一个大方向，必须牢牢把握。

（二）减量化规避原则

所谓减量化就是积极提倡使用"分类处理、清污分流、干湿分离"等技术。即要求从养殖场生产工艺和管理环节上进行全面改进，采用需水量少的干清粪工艺，减少污染物的排放总量，降低污水中的污染物浓度，减少处理和利用的难度，以便降低处理成本。同时使固体粪污的肥效得以最大限度地保存和利用。

（三）无害化处理原则

因为粪便污水中含有大量的病原体，会给人体健康带来潜在的威胁，特别是病死畜禽、医疗垃圾中病原体含量多、组成复杂，因此，在利用前或排出场外前必须按照相关规定对其进行无害化外理，减小和消除对环境和人畜健康的威胁。这个原则可以看作是畜禽养殖废弃物处理的底线原则。

（四）生态化平衡原则

遵循生态学和生态经济学的原理，利用动物、植物、微生物之间的相互依存关系和现代技术，实行无废物和无污染生产体系，促进中国"种养平衡一体化的生态农业或有机农业"等生产体系的发展；促进种植业和畜牧业紧密结合，以农兼牧，以牧促农，实现生态系统的良性循环，提高综合经济效益，促进畜牧业高质量发展。

（五）廉价化适度原则

畜禽养殖业整体上是一个利润率不高且污染又相对严重的产业，其污染处理难度大、成本过高，往往会使养殖场的整体治理水平受到限制。只有通过科技进步，在资源化、减量化和无害化的前提下，研制高效、实用，特别是低廉成本的治理技术，才能真正实现畜禽养殖业的经济发展与环境保护的双赢，这是一条非常重要而现实的原则。因此，应当结合各地实际情况，积极探索适合各个养殖场废弃物治理的具体方法，既不主张"一刀切"硬性规定，也不主张"高大上"技术推广。

（六）产业化经营原则

对于集约化或较大规模的养殖场，其废弃物的处理完全可以形成一个单独的产业环节，如生产有机发酵肥料、生物制品等。也可以在养殖场相对集中的区域对畜禽废弃物集中收集、集中处理，形成一个独立的产业。也可以通过吸引社会各界投资，在综合生态治理、循环利用资源、清洁生产管理等原则下，参与解决养殖场的污染，为社会提供可靠的绿色畜产食品。因此，要坚持社会效益、经济效益、环境效益、生态效益等最大化的经营理念。

七、养殖场粪污处理利用模式

（一）粪污全量收集还田利用模式

1. 工艺流程　粪污全量收集还田利用模式工艺流程请参考图 1-1。

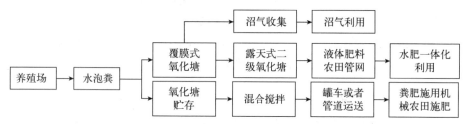

图 1-1　粪污全量收集还田利用模式工艺流程

2. 模式特点

（1）主要优点：设施建设成本低，处理利用费用较低；粪便和污水全量收集，养分利用率高。

（2）主要不足：粪污贮存周期一般要达到半年以上，需要足够的土地建设氧化塘贮存设施；施肥期较集中，需要配套专业化的搅拌设备、施肥机械、农田施用管网等；粪污长距离运输费用高，只能在一定范围内施用。

3. 适用范围　适用于猪场水泡粪工艺或奶牛场的自动刮粪回冲工艺，粪污的总固体含量小于 15%；需要与粪污养分量相配套的农田。

（二）固体粪便堆肥利用模式

1. 工艺流程　固体粪便堆肥利用模式工艺流程请参考图 1-2。

2. 模式特点

（1）主要优点：好氧发酵温度高，粪便无害化处理较彻底，发酵周期短；可提高粪便的附加值。

（2）主要不足：好氧堆肥过程易产生大量的臭气。

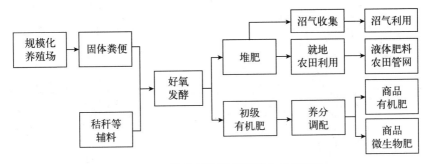

图1-2 固体粪便堆肥利用模式工艺流程

3. 适用范围 适用于只有固体粪便、无污水产生的规模化肉鸡、蛋鸡、肉牛或羊场等。

（三）污水肥料化利用模式

1. 工艺流程 固体粪便堆肥利用模式工艺流程请参考图1-3。

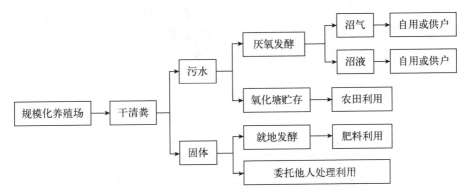

图1-3 固体粪便堆肥利用模式工艺流程

2. 模式特点

（1）主要优点：污水经厌氧发酵或氧化塘无害化处理后，能为农田提供有机肥水资源，解决污水处理压力。

（2）主要不足：该模式要求配备一定容积的贮存设施，周边配套一定面积的农田，须配套建设粪水输送管网或购置粪水运输车辆。

3. 适用范围 适用于周围配套有一定面积农田奶牛场，在南方宜使用厌氧发酵生产沼气等无害化处理，在北方宜直接使用氧化塘贮存，在农田作物灌溉施肥期间进行水肥一体化施用。

第二章

基于粪污资源化利用的奶牛场建设技术

一、奶牛场的选址与布局

(一) 场址选择

在奶牛场建设选址的时候，首先应该预测拟选地址周边的环境承载能力，主要包括饲草水源的供应能力、原料奶的市场消化能力和粪污的吸纳能力，预测建成的规模化奶牛场是否会受到周边环境条件的制约。一般情况下，规模化奶牛场选址就要考虑周边 50 km 以内有没有提供满足奶牛所需要饲草的能力，100 km 以内有没有乳品加工厂收购原料奶，10 km 内有没有足够的土地吸纳牛场产生的粪水，能在上述运距范围内解决饲草问题、原料奶问题以及粪污问题，相对来说就是比较经济和科学的。

其次，在充分考虑和预测周边环境承载能力之后，应按照国家规定的选址要求进行选址，即远离水源地、交通干线、居民聚居区、学校及医院等，远离畜产加工厂、其他牧场以及化工厂等。最后，要尽量选择地势高燥、向阳背风、排水良好、通风干燥、易于防疫的地方。至此才算完成了规模化奶牛场的科学选址。

人们常说"千里不运粮，百里不运草"。根据欧洲养殖场沼气工程建设的经验，养殖场沼渣沼液运输距离一般在 10 km 之内。表 2-1 是将沼液沼渣与复合肥进行比较，在单位养分费用基本相同情况下估算出的运输距离，复合肥运输 200 km，沼液沼渣只运输 10 km 才与其相当。

"十三五"以来，随着《畜禽规模养殖污染防治条例》《中华人民共和国环境保护法》《中华人民共和国环境保护税法》《关于加快推进畜禽养殖废弃物资源化利用的意见》等一系列法律法规的相继颁布，对养殖企业粪污处理的要求和标准逐步升级，达标排放要上税，超标直排要关停。在此背景下，养殖企业

表2-1 沼液沼渣与复合肥使用成本比较

种类	养分含量/%	肥料施用费/(元/t)	单位肥料运输费/(元/t·km)	运输距离/km	运输费/(元/t)	肥料价格/(元/t)	肥料总使用费/(元/t)	单位养分费用/(元/t)
沼渣沼液	1.0	45.0	0.5	10	5	0	50	5.00
复合肥	45	40.0	0.5	200	100	2 000	2 140	4.75

不得不进行畜禽粪污低成本处理和就近就地还田利用，所以养殖场建设一定要靠近农田，使畜禽粪污可以低成本还田利用。新疆地区由于土地辽阔，撂荒地、盐碱地、戈壁滩较多，过去在养殖场选址时，从不占用农田以及防疫卫生角度考虑的较多，许多养殖场远离农田，加上粪肥养分含量低，给就近就地还田带来一定的难度，因此在后续规模化奶牛场建设选址时，必须重视周边土地消纳粪污的能力。

（二）场区布局

规模化奶牛场一般分为生活和管理区、辅助生产区、养殖与挤奶区及粪污处理区5个功能区。规模化奶牛场场区规划应本着因地制宜、合理布局、统筹安排的原则，场区布局规划设计，首先应当符合奶牛生活习性，满足奶牛高产稳产、牛体保健的需要；其次，还要符合节约原则，使牛群周转顺畅、物料运距较短，便于实行机械化，以提高工作效率，降低工人劳动强度；再次，建筑物的配置应做到紧凑整齐，提高土地利用率；最后，还必须符合奶牛场防疫卫生、防火安全以及产品品质的要求。

生活管理区包括与经营管理有关的建筑物。如管理人员办公用房、技术人员业务用房、职工生活用房、人员和车辆消毒设施及值班室大门和场区围墙、防疫绿化带等。生活管理区应在牛场全年主导风向的上风处或侧风处，地势相对较高，并与生产区用围墙或绿化带分开，保证50 m以上距离。

辅助生产区主要包括供水、供电、供热、设备维修、饲草料库等设施，要紧靠生产区的负荷中心布置。干草库、青贮窖、精料库、饲料加工调制车间应设在生产区边沿上风地势干燥较高处，同时需要相对集中以方便调配TMR全混合日粮。布局时要防止牛舍及运动场污水渗入青贮窖内。干草库要设置在距离房舍30 m以上的下风口，以利防火。

生产区主要包括牛舍、运动场、挤奶厅、人工授精室等生产性建筑。应设在场区的下风向位置，与其他区之间用围墙或绿化带严格分开。入口处设人员消毒室、更衣室和车辆消毒池。大型奶牛场的牛舍一般采用分舍建筑，即产奶牛舍、产房、犊牛舍、育成牛舍、青年牛舍和干奶牛舍等。目前普遍使用的散栏式奶牛场由于牛群调动频繁，产奶牛都要集中到挤奶厅挤奶，因此，生产区内各类牛舍必须有一个统一布局，要求产奶牛舍相对集中，并按产奶牛舍→干奶牛舍→产房→犊牛舍→育成牛舍的顺序排列，从而使干奶牛、犊牛与产房靠近，而产奶牛舍与挤奶厅靠近。各牛舍之间要保持适当距离，并配套建设转牛通道。牛舍应整齐排列，两墙端之间距离不少于 15 m，数栋牛舍排列时，每栋前后距离应视养饲养头数所占运动场面积大小来确定，成年牛运动场面积每头应不少于 20 m²，青年牛和育成牛的每头应不少于 15 m²，犊牛的每头应不少于 8 m²。小型奶牛场及可见混合型模式饲养奶牛的农户，可根据具体情况灵活建舍。挤奶厅应建在养殖场的上风处或中部侧面，距离牛舍 50～100 m，有专用的牛奶运输通道，不可与污道交叉。既便于集中挤奶，又可防止传播污染，奶牛在去挤奶厅的路上可以适当运动，避免运奶车直接进入生产区。

粪污处理、病畜隔离区主要包括兽医室、隔离牛舍、病死牛处理及粪污贮存与处理设施。应设在生产区全年主导风向的下风处和地势较低处，与生产区保持 200～300 m 的间距，以防疫病传播。粪尿污水处理、病畜隔离区与生产区有专用道路相通，与场外有专用大门相通。

各功能区间距应不少于 15 m，并有防疫隔离带（墙）。场区道路要求在各种气候条件下能保证通车，防止泥泞或扬尘。奶牛场应分别有人员行走和运送饲料的清洁道，供运输粪污和病死畜的污物道及供产品外运的专用通道，做到净道与污道完全分开。规模化牛场的道路宽度最少需要 4 m，以 6 m 为宜，最小转弯半径为 8 m，以满足粪污车、奶罐车和日粮饲喂车的通过。绿化选择适合当地生长、对人畜无害的花草树木，绿化面积应不低于总面积的 30%。

（三）功能区精准设计

在规模化奶牛场场区规划与设计之前，须先确定养殖的规模，并进一步细分成年母牛和后备牛的养殖数量，根据各类奶牛圈舍和运动场需要面积，确定圈舍栋数、面积和每栋运动场的面积；根据各类奶牛每日草料需要量，确定草料场青贮窖、干草棚、精料库的大小；根据成年母牛的数量，确定挤奶厅的大小和设备的型号与数量；根据各类牛的管理定额，确定员工数量，确定生活管理区用房的面积；根据各类牛的粪尿量及奶厅污水量，确定粪污处理区的设施、设备及面积。同时考虑拟采取的养殖工艺流程，如散栏式饲喂、机器挤奶、刮板清粪、TMR 饲喂、颈夹及卧床设施等，从而实现对各功能区的科学规划布局和精准设计（图 2-1）。

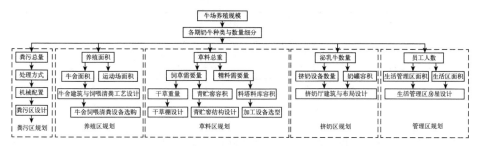

图2-1 规模化奶牛场场区规划设计线路图

根据我国2015年1月1日开始施行的《中华人民共和国环境保护法》第41条规定："建设项目中防治污染的设施，应当与主体工程同时设计、同时施工、同时投产使用。"简称"三同时"制度。所以在奶牛场建设中必须对粪污处理区等功能区进行统一精准设计，并随主体工程同时施工、同时使用。这是国家强制执行制度，也只有这样才能把畜禽粪污无害化处理和资源化利用落到实处。

二、奶牛场舍内环境条件要求

奶牛的生长环境一般可分为物理环境、化学环境和生物环境。物理环境是指光、热、空气、水、牛舍、运动场等。化学环境是指奶牛周围空气中及地面上的化学物质，特别是空气中的有害物质。生物环境包括地面上空气中的微生物（如体外寄生虫）以及周围的奶牛群体等。要发挥奶牛的生产潜力，除了需要优质全价日粮和科学饲养管理外，还需要健康的体况和适宜的环境条件。环境条件中对奶牛影响最大的主要有气温、空气湿度、气流速度、光照及有害气体等。

（一）温度

在一定的温度范围内，奶牛的代谢作用与体热产生能处于最低限度，这个温度范围称为"等热区"。奶牛的等热区为10～16℃，在等热区范围内养殖，有利于奶牛饲养管理和提高产奶量（表2-2）。

表2-2 奶牛舍内适宜温度和最高最低温度

（单位：℃）

牛舍	最适温度	最低温度	最高温度
成年母牛舍	9～17	2～6	25～27
犊牛舍	6～8	4	25～27

（续）

牛舍	最适温度	最低温度	最高温度
产房	15	10～12	25～27
哺乳犊牛舍	12～15	3～6	25～27

（二）湿度

奶牛舍内空气湿度来源于大气湿度（占10％～15％）、奶牛呼吸道和皮肤蒸发的水汽（占70％～75％）及地面等蒸发的水汽（占10％～15％）。大气湿度高及奶牛呼吸道和皮肤蒸发的水汽多，或排出的粪尿多及用水冲洗地面和饮水器漏水等，均可增加潮湿程度。

潮湿的环境有利于微生物的生长和繁殖，此环境下奶牛易患皮肤病、乳腺炎、子宫内膜炎等；气温低时，奶牛易患感冒、肺炎等疾病。空气中的相对湿度在55％～85％时，对牛体的直接影响不太显著，高于90％时则对奶牛危害较大。因此，奶牛舍内的相对湿度不宜超过85％。湿度对产奶量也有较大影响（表2-3）。

表2-3 湿度对产奶量的影响

温度/℃	相对湿度/％	荷斯坦牛/％	娟姗牛/％	瑞士褐牛/％
20	低（38）	100	100	100
24	高（76）	96	99	97
34	低（46）	63	68	84
34	高（80）	41	56	71

注：以20℃、相对湿度38％时的产奶量为100％。

（三）气流

气流有利于奶牛散热。在夏季炎热的条件下，空气温度低于皮温时，气流有利于对流散热和蒸发散热，对奶牛有良好的作用。冬季，气流会增加奶牛的散热，有加剧寒冷的有害作用。气流能保持舍内空气组成均匀，故即使在寒冷的条件下，舍内也应保持适当的气流，这不仅可以使空气的温度、湿度和化学组成保持均匀一致，而且有利于将污浊的气体排出舍外。但要防止气流形成贼风，以免奶牛局部受冷，引起关节炎、神经炎、冻伤、感冒等。据人工气候室的实验，环境温度10℃、相对湿度65％时，风速在0.2～0.45 m/s范围内对荷斯坦牛、娟姗牛、瑞士褐牛的产奶量、饲料消耗和体重没有影响；而在高温或低温情况下，风速对产奶量的影响十分明显（表2-4）。

表2-4 在四种温度中风速对产奶量的影响

风速 /(m/s)	与正常产奶量对比/%											
	−8 ℃			10 ℃			27 ℃			35 ℃		
	荷斯坦牛	娟姗牛	瑞士褐牛	荷斯坦牛	娟姗牛	瑞士褐牛	荷斯坦牛	娟姗牛	瑞士褐牛	荷斯坦牛	娟姗牛	瑞士褐牛
0.2	76	36	72	100	100	100	85	100	100	63	74	83
2.2	85	39	74	100	100	100	95	100	100	79	94	90
4.0	84	35	75	100	100	100	95	100	100	79	94	90

注：相对湿度均为60%～70%。

（四）光照

光照对调节奶牛生理功能有很重要的作用，缺乏光照会引起奶牛生殖功能障碍，出现奶牛不发情等现象。

牛舍一般为自然采光，进入牛舍的光照有直射和散射两种。夏季应避免直射光照到舍内，以防舍温升高；冬季为保持牛床干燥，应使直射光照到牛床上。

进入牛舍的光受屋顶、墙壁、门、窗、玻璃等影响，其强度远比舍外小，所以长期饲养在密闭牛舍内的牛群，其饲料的利用率往往较低。

（五）有害气体

奶牛舍中的有害气体有氨、二氧化碳、硫化氢和一氧化碳等，主要由奶牛的呼吸、排泄和饲养过程中的有机物形成。

1. 氨（NH_3） 氨来自粪便的分解和氨化饲料的余气。氨易溶于水，常被溶解或吸附在潮湿的地面、墙壁和奶牛身体器官黏膜上，能刺激黏膜充血、喉头水肿等。氨的浓度达到10 mg/m^3时，即对奶牛生产性能产生影响，《畜禽环境质量标准》（NY/T 388—1999）规定，牛舍氨（NH_3）最高浓度不能超过20 mg/m^3。

2. 二氧化碳（CO_2） 虽然二氧化碳本身不会引起中毒，但二氧化碳浓度能表明奶牛舍空气的污浊程度，因此，二氧化碳浓度常作为卫生评定的一项间接指标。1头体重600 kg、日产奶30 kg的奶牛，每小时可以呼出二氧化碳200 L。《畜禽环境质量标准》（NY/T 388—1999）规定，牛舍二氧化碳最高浓度不能超过 1 500 mg/m³。

3. 硫化氢（H₂S） 奶牛舍中的硫化氢气体主要是由含硫有机物质分解产生的。当喂给奶牛丰富的蛋白质饲料，而奶牛自身消化机能又发生紊乱时，就会产生大量的硫化氢。《畜禽环境质量标准》（NY/T 388—1999）规定，奶牛舍中硫化氢浓度最大允许量不应超过 10 mg/m³，硫化氢浓度过高对奶牛会产生较大的危害，同时也会影响到人的健康。

4. 一氧化碳（CO） 畜舍内一般没有一氧化碳，当含碳物质燃烧不充分时，才会产生一氧化碳。一氧化碳是一种对血液和神经有害的物质，一氧化碳随空气进入肺泡，通过肺泡进入血液循环，一氧化碳与血红蛋白具有巨大的亲和力，它比氧与血红蛋白的亲和力大 200～300 倍，因此，吸入少量一氧化碳即可引起中毒。我国卫生标准规定，一氧化碳最高允许浓度为 3 mg/m³，日平均最高允许浓度 1 mg/m³。

三、奶牛不同饲养模式的工艺设计

（一）拴系式饲养模式

拴系式饲养模式是传统的奶牛饲养方式，拴系式饲养的特点是需要修建比较完善的奶牛舍。牛舍内，每头奶牛都要有固定的牛床，床前是采食和饮水共用的槽，用绳索将奶牛固定在牛舍内，奶牛采食、休息、挤奶都在同一牛床上进行。这种饲养模式一般采用管道式挤奶或小型移动式挤奶机挤奶。为了改善牛群健康，有时将奶牛拴系在舍外的树桩上。

这种饲养模式的优点是管理细致，能做到个别饲养、区别对待；还能有效地减少奶牛的竞争，淡化奶牛位次，能为奶牛提供较好的休息环境和采食位置，奶牛之间的相互干扰小，能获得较高的单产；也便于人工授精、兽医诊治等操作，母牛如有发情和不正常现象极易被发现。该模式的缺点是必须辅以相当的手工操作，劳动生产率较低，一个饲养员仅能管理 15～25 头奶牛。

（二）散栏式饲养模式

散栏式饲养模式将奶牛的采食区域和休息区域完全分离，每头奶牛都有足够的采食位和单独的卧床；将挤奶厅和牛舍完全分离，整个牛场设立专门的挤奶厅，牛群定时到挤奶厅进行集中挤奶。这种饲养方式更符合奶牛的行为习性和生理需要，奶牛能够自由饮食与活动，很少受到人为约束，相对扩大了奶牛的活动空间，奶牛运动量和接受光照量明显增加，增强了奶牛的体质，提高了机体的抵抗力。奶牛定点采食、躺卧、排粪、集中挤奶，便于实现机械化、程序化管理，极大地提高了劳动生产效率。奶牛分群管理，可根据不同牛群的生产水平制定日粮的营养水平，如高产奶牛群可采用高能量、高蛋白质的日粮，对低产牛群则可配置一些廉价的日粮以降低饲养成本，由此，日粮配置的针对性更强、更科学、更准确。此外，该模式下牛群的生理阶段比较一致，有利于牛群的发情鉴定和妊娠检查等。

散栏式饲养模式集约化程度比较高。近几年我国建设的大中型奶牛场多采用这种饲养模式。但是，这种牛舍不易做到个别饲养，而且由于共同使用饲喂和饮水设备，传染疾病的机会增多；粪尿排泄地点分散，易造成潜在的环境污染。此外，散栏式卧床和挤奶厅的投资很高，这也是我国规模化奶牛场建设所面临的一个很重要的问题。

（三）散放式饲养模式

散放式饲养模式牛舍设备简单，只供奶牛休息、遮阳和避雨雪使用。牛舍与运动场相连，舍内不设固定的卧床和颈枷，奶牛可以自由地进出牛舍和运动场。通常牛舍内铺有较多的垫草，平时不清粪，只添加些新垫草，定时用铲车机械清粪。运动场上设有饲槽和饮水槽，奶牛可自由采食和饮水。舍外设有专门的挤奶厅，奶牛定时分批到挤奶厅集中挤奶。

这种饲养模式能有效地提高劳动效率，降低设施设备的投资，并能生产出清洁、卫生、优质的牛奶。但是，散放式饲养也具有明显的缺点，如饲养员对奶牛的管理不够细致，奶牛采食时容易发生强夺弱食现象，导致奶牛采食不均，影响奶牛的健康和产奶量。

（四）饲养模式的选择

综上所述，散放式饲养模式比较粗放，在草场丰富的地区应首先考虑这种饲养模式。拴系式饲养模式和散栏式创养模式都是集约化程度较高的饲养模式，在草场资源不足的地区应该首先考虑这两种饲养模式（图 2-2、图 2-3）。从气候条件来考虑，在环境相对恶劣的情况下，宜采用拴系式饲养模式，强化人工环境控制，减少外界环境对奶牛的不良影响。从饲养规模上来考虑，小规模饲养时，宜采用拴系式饲养模式；规模较大时，最好采用散栏式饲养模式。当牛群较小时，若采用散栏式饲养模式，则单位奶牛的设施设备投资很高，而且"分群饲养和机械化操作"的优点也很难体现和发挥出来。相反，牛群很大时，若采用拴系式饲养模式，必然导致饲养管理人员过多、费用过高的现象。

由此可见，3种饲养模式各自都有不同的特点，因此要根据实际条件确定适宜的饲养模式。

图2-2　拴系式饲养　　　　　　　　图2-3　散栏式饲养

四、奶牛场生产工艺流程和牛群结构

(一) 奶牛场生产工艺流程

奶牛场生产工艺流程的设计，要符合奶牛生物学习性和现代化生产的技术要求，要有利于奶牛场防疫卫生要求，达到减少粪污排放量及无害化处理的技术要求，尽量做到节约能源，并能提高生产效率和改善牛群的健康与福利状况，典型的奶牛场工艺流程如图2-4所示。

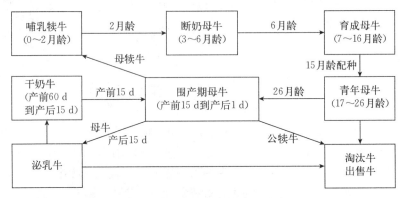

图2-4　典型的奶牛场生产工艺流程

这种饲养工艺具有以下特点：根据奶牛的不同月龄划分不同的饲养管理群，采用分阶段饲养以满足不同月龄牛对不同营养物质的需要以适应现代化生产。

1. 成年母牛生产周期 受孕牛在临产前 15 d 时进入产房，分娩后 7～15 d，转入泌乳母牛舍，进入围产期后期（产后 15 d），粗饲料以优质干草为主。接着进入泌乳盛期（产后 16～100 d），采用 TMR 饲喂，每天 2 次饲喂，2～3 次挤奶，做好产后发情检测，产后 45～90 d 内及时配种。进入泌乳中期（产后 101～200 d），每天 2 次饲喂，2～3 次挤奶，精料可相应逐渐减少，尽量延长奶牛的泌乳高峰。然后进入泌乳后期（产后 201 d 至停奶阶段），每天 2 次饲喂，2～3 次挤奶，控制好精料比例，加强管理，做好停奶准备工作，为下一个泌乳期打好基础。干奶期奶牛（产犊前 60 d）的饲养根据具体体况而定，日粮应以粗饲料为主。围产期前期（产前 15 d）饲养管理，日粮干物质占体重的 2.5%～3%，并采用低钙饲养法或饲料添加阴离子盐。奶牛临产前 15 d 转入产房。

2. 后备牛生产周期 新生犊牛出生后 7 d，从产房转入犊牛岛（犊牛舍）哺全乳 60 d 左右。60 d 后断奶，进入犊牛断奶饲养期（断奶至 6 月龄），此阶段饲养犊牛的营养来源主要是精饲料。随着月龄的增长，逐渐增加优质饲料的喂量。6 月龄后依次进入小育成牛饲养期（7～12 月龄）和大育成牛饲养期（13～16 月龄），此段饲养日粮以粗饲料为主，及时调整日粮结构，以确保 15 月龄前达到配种体重（成年牛体重的 75%），同时注意观察发情，做好发情记录，以便适时配种。然后进入青年牛饲养期（初配至分娩前），饲养青年牛的管理重点是在怀孕后期（预产期前 2～3 周），可采用干奶后期饲养方式，预防流产，防止过肥，产前 21 d 控制食盐喂量和多汁饲料的饲喂量，预防乳房水肿。最后再循环进入产房。

（二）牛群结构

根据奶牛不同生长阶段和饲养管理的不同要求，可分为犊牛（0～6 月龄）、育成牛（7～16 月龄）、青年牛（17～26 月龄）和成年母牛（26 月龄以上）。犊牛可分为哺乳犊牛（0～2 月龄）和断奶犊牛（3～6 月龄）；成年母牛又可分为泌乳牛、干奶牛、围产期牛。由此牛舍可分为犊牛舍、育成牛舍、青年牛舍、泌乳牛舍、干奶牛舍、产房和隔离牛舍。

一般来说，奶牛场的基础母牛应占牛场总存栏量的 60% 左右，犊牛占 12% 左右，育成牛和青年牛占 30% 左右。由于奶牛场出售母牛月龄不同、母牛利用年限不同，以及产犊季节等因素的影响，牛群结构不断变化。以存栏 1 000 头奶牛场为例，其牛群结构见表 2-5。

表 2-5　牛群结构

奶牛类型	初产牛		经产牛			干奶牛		合计
	初产泌乳牛	新产泌乳牛	高产牛	中产牛	低产牛	干奶前期牛	围产期牛	
所占比例	14%	4%	12%	7%	8%	6.50%	5%	56.5%
头数	140	40	120	70	80	65	50	565
奶牛类型	0～3 d 犊牛	60 d 内 犊牛	3～5 月龄	6～8 月龄	9～12 月龄	13～17 月龄	18～26 月龄	合计
所占比例	0.2%	3.4%	5.4%	5.4%	7.2%	9%	12.9%	43.5%
头数	2	34	54	54	72	90	129	435

五、奶牛舍建筑设计

(一) 散栏式牛舍结构与类型

牛舍按照类型分为封闭式牛舍、半开放式牛舍（3 面墙，南面敞开）和开放式牛舍（棚式）。我国南方地区可采用开放式牛舍，北方地区可采用封闭式或半开放式牛舍。新疆北疆地区适宜采用封闭式牛舍（图 2-5），新疆南疆地区适宜采用半开放式牛舍（图 2-6）。根据牛群品种、个体大小及需要来确定饲料通道、饲槽、颈枷、牛床、粪尿沟的尺寸大小，符合奶牛生理和生产活动的需要。青年牛、育成牛舍多采用单坡单列敞开式。犊牛舍多采用封闭单列式或双列式；初生至断奶前犊牛宜采用犊牛岛或按牛栏饲养。

图 2-5　封闭式牛舍　　　　　　　　图 2-6　开放式牛舍

散栏式牛床可设计成单列式、双列对头或对尾式，牛群规模大也可以设计成四列式。10 m 跨度一般为双列式牛舍，有对头式和对尾式两种，目前基本上都采用对头式（图 2-7）。32 m 跨度一般为双列六排卧床。64 m 跨度一般为四列十二排卧床。一般养殖规模在 50 头以下建议采用单列式牛舍，养殖规模在 50 头以上建议采用双列式奶牛舍，养殖规模在 200 头以上建议采用 32 m甚至 64 m 的大跨度牛舍。

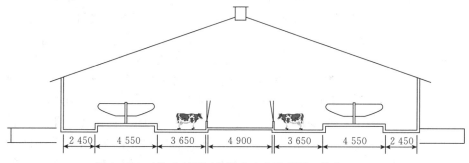

| 2 450 | 4 550 | 3 650 | 4 900 | 3 650 | 4 550 | 2 450 |

图 2-7 对头式双列四排卧床牛舍示意图（单位：mm）

（二）牛舍的建筑工艺要求

牛舍的基础应有足够强度和稳定性，应坚固，防止地基下沉、塌陷和建筑物发生裂缝倾斜。

牛舍的墙壁要求坚固结实、抗震、防水、防火，具有良好的保温和隔热性能，便于清洗和消毒。可采用砖墙并用石灰粉刷，也可在高度 1.2～1.5 m 以上用彩钢板等材料。

牛舍的屋顶要求能防雨水、防风沙侵入、隔绝太阳辐射。要求使用质轻、坚固耐用、防水、防火、隔热保温的材料；能抵抗雨雪、强风等外力因素的影响，屋顶可用透明材料制作采光带。

牛舍内的地面要求致密坚实、不打滑、有弹性、便于清洗消毒、具有良好便捷的清粪排污系统。散栏式牛舍内的采食通道结构要视清粪的方式而定，一般为水泥地面，并有 2%～3% 的坡度，以利清洗。采食通道宽为 2.0～4.8 m，与饲槽同侧的采食通道要比一般的走道宽些，以便当有牛在采食时，其尾后还有足够的空间让其他牛自由往来走动。如采用电动刮粪板清粪方式，则走道宽度应平整笔直；如采用机械刮粪，则走道宽应与机械宽相适应；如采用水力冲洗牛粪，则走道应采用漏缝地板，这种漏缝地板多用钢筋水泥条制成，缝隙为 3.8～4.4 cm，漏缝地板下的粪沟应有 30° 的倾斜度，以利于将粪冲到牛舍的积粪池。连接牛舍、运动场和挤奶厅的通道应畅通，地面不打滑，周围栏杆及其他设施无尖锐突出物。寒冷地区可加防风墙，也可将部分靠近挤奶厅的走道封顶。

由于散栏式牛床与饲槽不直接相连，为方便牛休息，一般牛床总长为 2.5 m 左右，其中牛床净长 1.7 m，前端长 0.8 m。为防止牛粪尿污染牛床，在牛床上要加设调驯栏杆，以便牛站立时身体向后运动，使牛的粪便不致排在牛床上。调驯栏杆的位置可根据需要进行调整，一般设在牛床上 1.2 m 处。散栏式牛床一般高于通道 15～25 cm，边缘做成弧形，牛床面可比牛床边缘稍低些，以便用垫料垫平。不用垫料的床面可与边缘平，并有 4% 以下的坡度，以保持牛床干燥。牛床的隔栏由 2～4 根横杆组成，顶端横杆高一般为 1.2 m，底端横杆与牛床地面的间隔以 35～45 cm 为宜，隔栏有多种形状。泌乳牛的牛床面积 (1.65～1.85)m×(1.1～1.2)m，前端长 0.8 m；围产期奶牛的牛床面积 (1.8～2)m×(1.2～1.25)m，前端长 0.8 m；青年母牛的牛床面积 (1.5～1.6)m×1.10 m，前端长 0.7 m；育成牛的牛床面积 (1.6～1.7)m×1 m；犊牛的牛床面积 1.2 m×0.9 m（表 2-6）。

表 2-6 牛床尺寸和坡度

牛的类别	拴系式饲养			牛的类别	散栏式饲养		
	长度/m	宽度/m	坡度/%		长度/m	宽度/m	坡度/%
成乳牛	1.7～1.9	1.1～1.3	1.0～1.5	大牛种	2.1～2.2	1.22～1.27	1.4～2.2
				中牛种	2.0～2.1	1.12～1.22	1.0～4.0
				小牛种	1.8～2.0	1.02～1.12	1.0～4.0
青年牛	1.6～1.8	1.0～1.1	1.0～1.5	青牛种	1.8～2.0	1.0～1.15	1.0～4.0
育成牛	1.5～1.6	0.8	1.0～1.5	8～18 月龄	1.6～1.8	0.9～1.0	1.0～3.0
犊牛	1.2～1.5	0.5	1.0～1.5	5～7 月龄	0.75	1.5	1.0～2.0
				1.5～4 月龄	0.65	1.4	1.0～2.0

牛舍门应根据要通过的 TMR 机器和其他运输工具（例如清粪铲车）的宽度和高度确定。牛场牛舍门高不低于 3.6 m，宽不低于 3.6 m。坐北朝南的牛舍，东西门对着中央通道，成年乳牛舍通到运动场的门不少于 2 个。奶牛从牛舍进运动场的门高度在寒冷地区可适当降低。

牛舍门窗应能满足良好的通风换气和采光。窗户面积与舍内地面面积之比，成乳牛为 1:12，小牛为 1:(10～14)。一般窗户宽为 1.5～3 m，高 1.2～2.4 m，窗台距地面 1.2 m。

牛舍采食隔栏的作用是将牛与饲槽隔开，采食隔栏大多采用角铁与粗钢筋制成，附有自锁式颈枷，每头牛之间的宽度为 65～70 cm。

泌乳牛牛舍风机—喷淋系统应选择符合要求的风机，5 m 处风速可以达到 4 m/s。风机安装高度以牛不能触碰到为准，通常为 2.2 m，安装角度与垂直面夹角为 25°。按风速要求确定安装距离，尽量降低高度，以确保空气流通。喷头直接安装在风扇下方，并可保持 180° 旋转。泌乳牛牛舍卧床休息区也可安装风机，进行强制通风降温。

乳牛舍采食道风机高度约为 3 m（方便清粪车通过），卧床风机高度约为 2.5 m。在采食道两侧安装喷头，喷头间距约 175 cm，高度约 185 cm。也可以在一面墙壁上安装多组风机，在圈舍内垂挂布帘，根据布帘的下垂高度调节通风。

（三）成年母牛牛舍结构与面积

散栏式奶牛养殖，双列式成年母牛舍跨度在 12 m 左右，头均占有牛舍面积以 6 m² 左右为宜。大跨度成年母牛舍，列宽可以达到 27 m，牛舍两边各建 2 列卧床，中间设饲喂通道，头均占有牛舍面积以 10 m² 左右为宜。比如新疆石河子地区西部牧业公司牛场中一牛场、四牛场和七牛场均为双列式牛舍，成年母牛头均占有圈舍面积分别为 11.4 m²/头、5.5 m²/头和 5.83 m²/头，基本达到了 6 m²/头的标准；中心牛场、五牛场和六牛场为大跨度新建牛场，成年母牛头均占有圈舍面积分别为 13.16 m²/头、10.1 m²/头和 11.9 m²/头，达到了 10 m²/头的标准。各牛场舍内环境相对良好，牛群也较舒适。调研中发现，西部牧业公司牛场各类牛占有的圈舍面积均比国家推荐的圈舍参数高出一倍以上，这是因为国家推荐的圈舍参数是拴系式饲养的标准，而目前规模化奶牛场均采用散栏式饲养，要求的圈舍面积更大。

（四）产房的设计要求

奶牛场都应设有产房，即专用于饲养围产期奶牛的地方。由于围产期奶牛的抵抗力较弱，产科疾病发病率也较高，因此，产房要求冬暖夏凉，舍内便于清洁和消毒。产房内的牛床位数一般可按全场成年母牛数的 10%～13% 设置，采用双列对尾拴系式，牛床长 2.2～2.4 m、宽 1.4～1.5 m，以便于接产操作。

（五）犊牛舍设计要求

一般规模较大的奶牛场都设有单独的犊牛舍或犊牛栏（图 2-8），犊牛舍要求清洁干燥、通风良好、光线充足、无贼风吹进。目前常用的犊牛栏主要有单栏或群栏。

1. 单栏 犊牛出生后即要在靠近产房的单栏（笼）中饲养（图 2-9），要求每犊一栏，避免群养导致的相互吸吮和接触，以减少疾病传播机会，降低犊牛病死率。一般 1 月龄或断奶后才过渡到群栏饲养。犊牛笼长 130 cm、宽 80～110 cm、高 110～120 cm。笼的侧面和背面可由木条、钢筋或钢丝网制成，笼的侧面向前伸出 24 cm 左右，这样可防止犊牛互相吮舐。笼底用木制漏缝地板，利于排尿。笼门向外开，可采用镀锌管制作，设有颈枷，并在下方装有 2 个活动的铁圈和草架，铁圈可供放桶式盆，以便犊牛喝奶后能自由饮水并食用精饲料和草料（图 2-10、图 2-11）。

图 2-8 室外塑料材质的犊牛舍

图 2-9 单 栏

图 2-10 舍内犊牛单栏饲喂

图 2-11 可移动犊牛单栏

2. 群栏 按犊牛大小进行分群，采用散放自由牛床式的通栏饲养（图 2-12、图 2-13）。群栏的面积根据犊牛头数而定，一般每栏饲养 15 头，每头犊牛占面积 1.8～2.5 m²，栏高 120 cm。通栏面积一半左右可略高于地面，并稍有斜度，铺上垫草作为自由牛床，另一半作为自由活动的场地。通栏一侧或两侧设有饲槽并装有栏栅颈枷，以便于在喂奶或其他必要时对犊牛进行固定。每栏设有自动饮水器，以便犊牛随时能喝到清洁的水。

图 2 - 12　犊牛群饲　　　　　　　　图 2 - 13　犊牛群栏

（六）青年牛舍与育成牛舍设计要求

青年牛与育成牛常养于通栏中，为了训练育成牛上槽饲养，育成牛采用与成乳牛相同的颈枷。这两类牛由于体形尚未完全成熟并且在牛床上没有挤奶操作过程，故牛床可小于成乳牛床，因此青年牛舍和育成牛舍比成乳牛舍稍小，通常采用单列或双列对头式饲养。每头牛占 4～5 m²，牛床、饲槽和粪沟大小比成乳牛稍小或采用成乳牛的最小面积。其平面布置与成乳牛舍相同，床位尺寸略小于成乳牛舍。

六、奶牛运动场的建设设计

（一）运动场的面积

奶牛是群居动物，每一个有奶牛群都有复杂的社会等级关系，为了保持牛群中稳定的社会关系，因此需要设置足够的空间的运动场，这样奶牛就可以相互避让，轻而易举地显示出自己的优势或臣服。奶牛每年大约有 70％～80％以上的时间是在运动场度过的，运动场不但是奶牛的主要逗留场所，也是奶牛粪污暂存的场所，较大的运动场对维持奶牛的群居社会等级关系、减少奶牛应激和提高奶牛舒适度十分重要。

从对粪污暂存方面来看，北方寒冷地区的奶牛场也需要较大的运动场，以解决冬季粪便难以清理的问题。但目前在奶牛场的建设中往往出现重视圈舍建设、轻视运动场建设的现象。我国北方寒冷地区入冬及开春季节，雨雪交加或者冰雪消融，运动场泥泞不堪，在长达半年的时间内粪污无法清运（图 2-14）。调研发现，目前许多北方奶牛场的运动场普遍偏小（图 2-15），成年母牛平均每头只有 20 m² 左右面积的运动场，粪污深度达到 40 cm 以上。运动场过小，加上粪污清理不及时，严重影响到了奶牛健康与乳品质量，这可能与参考国内传统的奶牛运动场的参数设计有关。我们多年的跟踪研究认为，新疆地区成年母牛运动场最少需要 30~40 m² 的运动场，有适当坡度则更适宜。研究显示，头均 60 m² 的成年母牛运动场，每年清粪 2 次，每次粪污厚度只有 10 cm 左右，运动场能保持干燥、干净，奶牛生活在其中能躺卧、游走，悠闲放松。青年牛的运动场面积为每头 20~25 m²；育成牛的运动场面积应为每头 15~20 m²；犊牛的运动场面积为每头 8~10 m²。运动场可按 50~100 头的规模用围栏分成小的区域。比如新疆地区牛场多建在戈壁滩上，运动场面积可以大一些，以便更好地吸纳粪污，以缓解冬春季节运动场粪污无法及时清理的问题。

图 2-14　运动场无坡降，中间积水　　图 2-15　运动场过小，排水不畅

（二）运动场的结构与坡降

运动场的地面应该平坦、硬质化。对于运动场地面，如果不加处理，则会影响奶牛的躺卧及肢蹄健康，因此需要对直径在 2 cm 以上的鹅卵石与建筑剩材等进行清除。

细沙渗水性好，不易结块，微生物不能在这种垫料中繁殖，因此细沙是一种理想的运动场垫料，但其铺设的成本高，且含沙的污粪制成有机肥也会影响其肥效。运动场也可以用立砖铺设，但其费用也较高。

不论采取哪种材质，运动场一定要比四周围栏外高出 20 cm 以上，且须建成鱼脊形，即中间高四周低的形状，四周还要修建污水沟，以利于雨天及冰雪消融季节污水向四周流淌。运动场四周还要修建污水沟，以接收流入的污水，防止粪污直接流入林带，影响树木成活。

应在运动场边设饮水槽，按每头牛 20 cm 的标准计算水槽的长度，槽深 60 cm，水深不超过 40 cm。保证供水充足，保持饮水新鲜、清洁，也可装自控饮水器。

运动场周围设有高 1～1.2 m 围栏，栏柱间隔 1.5 m，可用钢管或水泥桩柱，横杆可用铜管或钢丝建造，要求结实耐用。

运动场凉棚面积按成年乳牛 4～5 m²，青年牛、育成牛 3～4 m² 计算，应建设为东西走向，棚顶应隔热防雨。

七、挤奶厅的建设设计

(一)位置选择

挤奶厅应建在养殖场（小区）的上风处或中部侧面，距离牛舍 50～100 m，有专用的运输通道，不可与污道交叉。这种设计既便于集中挤奶，又减少污染，奶牛在去挤奶厅的路上可以适当运动，同时也能避免运奶车直接进入生产区。

(二)设备的配置

根据奶牛的头数决定挤奶厅的个数。若每天挤奶 2 次，则每次 4 h；若每天挤奶 3 次，则每次 3 h。中小型奶牛场可采用鱼骨式或并列式，大型奶牛场可采用转盘式。

(三)设备的选择

挤奶设备最好选择具有牛奶计量功能的，如玻璃容量瓶式挤奶机械和电子计量式挤奶机械。挤奶厅应有牛奶收集、贮存、冷却和运输等的配套设备。

(四)组成

挤奶厅包括挤奶大厅、待挤区、设备室、贮奶间、休息室、办公室等。

(五)挤奶大厅的环境要求

挤奶厅通风系统建议使用可同时定时控制和手动控制的电风扇。挤奶厅地面要求做到经久耐用、易于清洁、安全、可防滑和防积水。地面可设一个或几个排水口，排水口应比地面或排水沟表面低 1.25 cm。挤奶厅的光照强度应便于工作人员进行相关的操作。

（六）挤奶厅（台）的形式

1. 串列式挤奶台 在挤奶栏位中间设置可供挤奶员操作的地坑，坑道深85 cm左右，坑道宽2 m。串列式挤奶台适于产奶牛100头以下规模的养殖场（小区），适于1×2至2×6栏位。其优点是挤奶员不必弯腰操作，流水作业方便，且乳房无遮挡，识别牛只较易。

2. 鱼骨式挤奶台 挤奶台栏位一般按倾斜30°设计。中等规模的奶牛场，根据需要可从1×3至2×16栏位。100头以上中、大规模的奶牛养殖场（小区），根据需要可安排2×8至2×24栏位。棚高一般不低于2.45 m，坑道深0.85～1.07 m（1.07 m适于可调式地板）；坑宽2～2.3 m；坑道长度与挤奶机栏位有关。这种挤奶台使牛的乳房部位更接近挤奶员，有利于挤奶操作。

3. 并列式挤奶台 可安排1×4至2×24栏位，以满足不同规模奶牛养殖场（小区）的需要。并列式挤奶厅棚高一般不低于2.2 m。坑道深1.0～1.24 m（1.24 m适于可调式地板），坑宽2.6 m，坑道长度与挤奶机栏位有关。这种挤奶台操作距离短，能保证挤奶员的安全，环境干净，但奶牛乳房的可视程度较差。

（七）辅助设施

1. 奶牛通道 从待挤区进入挤奶厅的通道，和从挤奶厅退出的通道应是直道。此外还要避免在挤奶厅进口处设台阶和坡道。常见的是单一通道，一组奶牛从挤奶厅前面穿过而返回去，出挤奶厅的通道应该足够宽，应能够容纳拖拉机刮粪板通过。挤奶厅内的退出通道宽度应为95～105 cm，以避免奶牛在通道中转身。通道可以用胶管或抛光的钢管制作。

2. 待挤区 待挤区是奶牛进入挤奶厅前奶牛等候的区域，一般来说待挤区是挤奶大厅的一部分。为了减少雨雪对通往挤奶厅道路的影响，应在通往挤奶厅的走道上设顶棚。在建设待挤区的时候要考虑挤奶位的多少，奶牛在待挤区中每次挤奶时待的时间不要超过1 h。待挤区内的光线要充足，使奶牛之间彼此清晰可见。待挤区要有通风、排湿、降温、喷淋设备等。

3. 设备间 要为奶罐及其他设备选择安放的位置。最好能采用卷帘门，方便进出设备间。设备间应留有足够的空间以方便操作，同时还要为将来可能购置的设备留下空间。设备间内要有良好的光照、排水、通风，设计通风系统应考虑冬季能利用压缩机放出的热量来为挤奶大厅保暖。真空泵、奶罐冷却设备、热水器、电风扇、暖风炉、电动门等均需要配置电线电器系统。将配电柜安装在设备间的内墙上可减少水汽凝结，并减少对电线的腐蚀。在配电柜的上下及前面的 1.05 m 的范围内不要安装设备，也不要在配电柜周围 1 m 范围内安装水管。

4. 贮藏室 养殖场（小区）的挤奶厅应包含有贮藏室，用以存放清洗剂（用具）、药品、散装材料、挤奶机备用零件，特别是橡胶制品。贮藏室应与设备间分开，并且墙壁应采用绝缘材料，以减少橡胶制品的腐蚀和老化。贮藏室内设计温度要低，最好能安装臭氧发生器。建议设置在中央无窗但通风良好、能控制温度升高的地方。此外还要有良好的光照和排水环境，还需要 1 台冰箱来存放药品。贮藏室的温度应保持在 4～27 ℃。

5. 贮奶间 贮奶间通常是放置奶罐、集奶罐、过滤设备、冷热交换器以及清洗设备的区域。贮奶间的大小与奶罐的大小有关。贮奶间要尽可能地减少异味和灰尘进入。最好能采用在进气口带过滤网的正压通风系统，以减少异味从挤奶厅进入贮奶间。电风扇的安装位置应远离有过多的异味、灰尘、水分的地方。贮奶间应有一个加热单元或采用中央加热系统以保证牛奶不结冰。许多大奶罐的相当一部分伸出贮奶间的墙外，这样可以减少贮奶间的尺寸，降低造价，但需要有支撑奶罐的墙壁建造技术，使基础要能够经得住奶罐的重压。

（八）奶厅废水回收利用

针对奶牛场挤奶厅污水量大、酸碱废液使用频繁、易对后续粪污处理工程产生影响等问题，可以采用酸碱废水分类收集设备、中水回用设备，实现挤奶厅污水污染控制及循环利用。

八、奶牛场配套设施建设设计

（一）电力

牛场电力负荷为二级，并自备发电机组。

（二）道路

场区内要求道路通畅闭环，与场外运输连接的主干道宽 6 m；通往畜舍、干草库（棚）、饲料库、饲料加工调制车间、青贮窖及化粪池等运输支干道宽 4 m。运输饲料的道路与粪污道路要分开。

（三）用水

牛场内应有足够的生产和饮用水，保证每头奶牛每天的用水量达 300～500 L。

（四）排水

场内雨水采用明沟排放，污水采用暗沟排放和三级沉淀系统，用直径约 80 cm 的圆管或打开的盖板沟使之疏通。

（五）草料库

根据饲草饲料原料的供应条件，饲草贮存量应满足 3～6 个月生产需要用量的要求，精饲料的财存量应满足 1～2 个月生产用量的要求。

（六）青贮窖

青贮窖（池）要选择建在排水好、地下水位低的地方。青贮窖要求密封性好，需要压实青贮，因此窖体要能承受一定的机械压力，不能垮塌。窖体墙壁要直而光滑，要有一定深度和斜度，坚固性好。青贮窖的容积应保证每头牛不少于 7 m³。

（七）饲料加工车间

饲料加工车间应远离饲养区，配套的饲料加工设备应能满足牛场饲养的要求。应配备必要的草料粉碎机和饲料混合机械等。

（八）消防设施

应采用经济合理、安全可靠的消防设施。各牛舍的防火间距为 12 m，草垛与牛舍及其他建筑物的间距应大于 50 m，且不在同一主导风向上。草料库、加工车间 20 m 以内应分别设置消火栓，可设置专用的消防泵与消防水池及其他相应的消防设施。消防通道可利用场内道路，应确保场内道路与场外公路畅通。

（九）牛粪堆放和处理设施

粪便的贮存与处理应有专门的场地，必要时须用硬化地面。牛粪的堆放和处理位置必须远离各类功能地表水体，距离不得小于 400 m，并应设在养殖场生产及生活管理区的常年主导风向的下风或测风处。配置干湿分离机、沼气等处理设备、设施。

第三章

奶牛场粪污收集清运技术

一、奶牛粪污主要来源与种类

奶牛的粪污分 2 种。一种是从圈舍中清理出来的粪污，约占粪污总量的 40% 左右，该粪污含水率较高，含有少量的饲草料（在圈舍内饲喂），但一般比较干净，不含石子、砖块等硬质杂物；另一种是从运动场清理出来的粪污，约占粪污总量的 60% 左右，该粪污一般较干，但常含有较多的石子、砖块等杂质。

在粪污后续利用过程中，根据粪污的具体情况，可以把圈舍中清理出来的粪便经固液分离、进一步堆肥发酵后，用作牛床的垫料。把运动场清理出来的粪污通过加入调理剂进行高温耗氧堆肥，制作有机肥（表 3-1）。

表 3-1　牛场粪污的种类及利用

粪污来源	牛舍	运动场
所占比例	40%	60%
干湿情况	较湿	较干
含杂情况	常含饲草料残渣等杂质	常含有较多的石子、砖块等杂质
收集方式	电动刮粪板等为主	铲车等为主
处理方式	干湿分离	堆肥发酵
最终用途	用于牛床垫料	制作有机肥

二、奶牛场舍内粪污收集方式

（一）粪污收集方式种类

规模化牛舍内粪污从原来的人工收集逐渐转变为机械自动收集，以保证牛舍清洁，为奶牛健康和优质原料奶生产创造良好的环境。目前国内奶牛场的清粪方式主要有人工清粪、铲车清粪、吸污车清粪、漏粪地板清粪、水冲式清粪和刮粪板清粪。

1. 人工清粪　即人工利用铁锹、筥帚等将粪便收集成堆，人力装车运至堆粪场（图3-1）。人工清粪不需要设备投资，简单灵活、容易操作；但工人工作强度大、环境差、效率低。该方式只适用于小规模牛场，目前已逐渐被取代。

2. 铲车清粪　即半机械清粪将拖拉机改装成清粪铲车，或者购买专用清粪车辆、小型装载机进行清粪（图3-2）。采用这种方式清粪，操作灵活方便，提高了工作效率，降低了人工成本。但是运行成本高，噪音大，易对奶牛造成伤害和惊吓，也容易对圈舍底面及设施造成破坏。推粪铲车和吸污罐车粪污收集油耗大，耗人力，运行成本高，且只能在牛群挤奶时收集粪污，每天粪污清理次数有限。

图3-1　人工清粪　　　　　　　　　图3-2　铲车清粪

3. 吸污车清粪　由于牛粪污含水率高，使用铲车清粪，只能收集到集粪池，还需要再二次拉运，所以奶牛场开始使用吸污车清粪，实现收集和拉运一体化，吸污车清粪适合堆粪场较远的牛场（图3-3）。但和铲车清粪一样，运行成本高，噪音大，易对奶牛造成伤害和惊吓，也容易对圈舍底面及设施造成破坏。

4. 漏粪地板清粪　缝隙地板于20世纪60年代开始流行，目前已广泛应用于机械化畜禽场。常用的缝隙地板材料有混凝土、钢制和塑料等（图3-4）。混凝土缝隙地板可用于各期奶牛，一般由若干栅条组成一个整体，每根栅条为倒置的梯形断面，内部上下有两根加强的钢筋，上面两侧制成圆角以减少对牲畜足部的损伤。混凝土缝隙地板坚固耐用，是目前常用的形式。钢制缝隙地板，只适用于小牛，用钢制缝隙地板有带孔型材，一般寿命比较短，为2～4年，涂上环氧树脂可延长其寿命。落入漏粪地板下方的奶牛粪污还需要二次清运，该清粪方式投资较大。

5. 水冲式清粪　水冲式清粪多在水源充足、气温较高的南方地区使用（图3-5）。污水排除系统一般由排尿沟、降扣、地下排出管及粪水池组成。此外，牛舍地面必须有一定的坡度、宽度和深度，牛舍温度必须在0℃以上。该方式所需

图 3-3　吸污车清粪　　　　　图 3-4　漏粪地板清粪

人力少、劳动强度小、效率高。冲洗用水量大，产生污水量也大；粪水贮存、管理、处理工艺复杂；北方地区冬季易出现污水冰冻的情况。水冲式硬件设施投入高，运行成本高，特别是在我国北方寒冷地区，因冬季容易结冰而不宜采用。漏粪地板牛舍投资过大，且牛舍中易产生有害气体集聚，所以也不建议使用。

6. 刮粪板清粪　目前新建的规模奶牛场主要使用刮粪板清粪，该系统主要由刮粪板和动力装置组成（图 3-6）。该清粪方式能随时清粪，机械操作简便，工作安全可靠，刮板高度及运行速度适中，基本没有噪音，对奶牛的影响很小，且设备安装方便。电动机械刮粪板清粪方式是我国当前奶牛场粪污收集清运的发展方向，其具备先进性、实用性、可靠性及较高的性价比，已经逐渐被各奶牛场广泛使用。

图 3-5　水冲式清粪　　　　　图 3-6　刮粪板清粪

（二）粪污收集方式对比

从奶牛应激、人力成本、硬件投入、运行成本等方面，把人工清粪、铲车清粪、吸污车清粪、漏粪地板清粪、水冲式清粪和刮粪板清粪共6种清粪工艺进行综合对比分析可以看出，电动刮粪板清粪工艺效果最好（表3-2）。

表3-2 奶牛场舍内粪污收集工艺对比

项目	人工清粪	铲车清粪	吸污车清粪	漏粪地板清粪	水冲式清粪	刮粪板清粪
奶牛应激	较大	很大	很大	较大	较小	较小
人力成本	非常大	不节省	不节省	节省	节省	节省
硬件投入	最低	购置成本较低	购置成本较低	牛舍投资增大	污水处理部分基建投资高	购置成本较低
运行成本	劳动强度很大	耗油大运行成本高	耗油大运行成本高	运行成本低	运行动力消耗很高	运行成本低
其他劣势	半固体粪浆清理效率低	只能在挤奶空圈时清粪	只能在挤奶空圈时清粪	牛舍中易产生有害气体集聚	需量水大，固体物肥力降低	无

奶牛场舍内粪污含水率高，收集进入集粪池，必须经过固液分离，固体进一步晒干或烘干，加入3%～5%生石灰消毒，也可以通过专用牛床垫料发酵设备进行发酵，最终用作牛床的垫料；液体可以通过氧化塘处理或者厌氧发酵处理后最终就地就近还田。

（三）舍内粪污处理流程

奶牛场粪污的来源主要有奶牛产生的粪便、尿液和清洗挤奶设备、冲洗待挤厅和挤奶厅的废水。牛舍内采用电动刮粪板清粪系统将牛粪尿收集至牛舍中间的粪沟，经地下粪沟将粪污集中输送到粪污处理区进行固液分离，固体堆肥后做成有机肥（或牛床垫料），液体经厌氧（或曝氧、好氧）后灌溉周边的农田（图3-7、图3-8）。

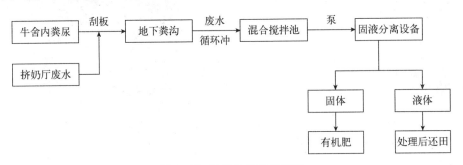

图3-7 粪污处理工艺流程

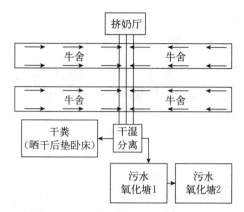

图3-8　牛场舍内粪污处理流程示意图

──→：粪污走向

三、牵引刮板式清粪机

（一）牵引刮板式清粪机工作原理

牵引刮板式清粪机是由1个驱动电机通过链条或钢绳带动2个刮板形成1个闭合环路。工作时，电动机正转，驱动绞盘，便带动一侧牵引绳正向运动，拉动该侧刮板移动，开始清扫粪便工作，并将粪便刮进横向粪沟；则另一侧牵引绳反向运动，该侧刮板翘起后退出清粪。当刮板运行至终点，触动行程倒顺开关使电动机反转，带动牵引绳反向运动，拉动刮板进行空行程返回；同时，另一刮板也在进行反向清粪工作；到终点后电动机又继续正转。如此循环往复2次就能达到预期的清扫效果。

（二）牵引式刮板清粪机的组成

牵引式刮板清粪机主要由驱动装置（包括电机、减速器、联轴器、大绳轮、小绳轮等）、转角轮、牵引绳（主要为钢丝绳或亚麻绳）、刮粪板、行程开关及电控装置等组成（图3-9）。

该机按动力构成可分为单相电和动力电2种。按机器配套减速机型号可分为蜗轮蜗杆减速机和摆线针减速机2种。使用蜗轮蜗杆减速机电机与减速机之间皮带相连接，使用摆线针减速机电动机和减速机之间直接法兰连接。摆线针减速机输出扭矩大更适合加宽加长粪道，刮粪宽度最宽可以达到4 m。按绕绳轮区可分为单驱动轮和双驱动轮。单驱动轮机器运转时为一个动力输出轮，双

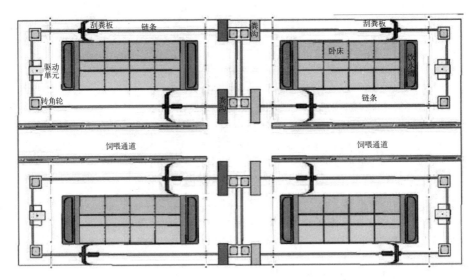

图 3 - 9 牵引式刮板清粪机组成与布局示意图

驱动轮机器运转时为 2 个动力输出轮，有效地避免了绳子打滑现象的发生。一般清扫宽度应根据用户而定，为 700～400 mm，清扫长度 10～150 m。其特点是：操作简便；镀锌刮板耐腐蚀，保证了清粪机使用寿命；设置自动限位、过载保护装置，运行可靠；无气候、地形等特殊要素影响；基本没有噪音，不影响牛群的行走、饲喂、休息。

工作时，开启倒顺开关，驱动装置上电机输出轴将动力经皮带和减速机传至驱动装置的主动绳轮和被动绳轮，由主动绳轮和被动绳轮与牵引绳（钢丝绳或亚麻绳）间的挤压摩擦获得牵引力，从而牵引刮粪板进行清粪作业。以 2 条纵向粪沟清粪为例，清粪时，处于工作行程位置的刮粪板自动落下，在车架上呈垂直状态，紧贴粪沟地面，刮粪板随着牵引绳的拉力向前移动，将粪沟内的粪便推向集粪坑方向，如图 3 - 9 中的上列；位于空程返回的刮粪板自动抬起，离开粪沟地面，在车架上呈水平状态，空程返回，如图 3 - 9 中的下列。2 台刮板机完成 1 次刮粪行程后，当处于返回行程的刮粪板的撞块撞到行程开关时，电机反转，处于返回行程的下列刮粪板向相反方向运动，呈工作行程；原来处于工作行程的上列刮粪板则处于返回行程，将粪便遗留在粪沟中的某一位置，当该列的返回行程结束（撞块撞到行程开关）时，再次恢复工作行程，由另一个刮粪板将留在粪沟中的粪便继续向前移动。如此往复运动，依次将粪便向前推移，直至把粪沟内的粪便都推到横向粪沟输送带送至舍外。牵引绳的张紧力由张紧器调整，刮粪板往返行程由行程开关控制。

采用这种工艺的尾端积粪方式分为倾倒盖式和漏缝式积粪 2 种。倾倒盖式积粪是当刮粪板运动到尾端时，盖子由刮板掀起再倾倒粪便，之后刮板按照设定的行程自动返回，使得倾倒盖重新回到关闭状态。使用这个方式对牛或车辆的通行没有任何障碍，且气体排放量小，非常适合绿色牛舍。漏缝式积粪是用刮板将粪便倾倒在漏缝板上，使粪便在缝隙间漏下去，但不是所有粪便都能轻易漏过去，特别是稻草或青贮饲料的粗块，最终还是会残留在板上。当牛舍很长时，这种漏缝式倾倒方式就不太适用。

牵引式刮板清粪机技术参数：配套动力为 1.1～1.5 kW，牵引力＞3 000 N，工作速度为 0.25 m/s，适用粪沟数量为每台可用于 1～4 列粪沟，刮粪板回程离地间隙为 80～120 mm，刮净度＞95%。

(三) 牵引刮板式清粪机设计安装

1. 地沟 地沟设计一般为一边深一边浅，深的那边一般设计成 30～35 cm，是出粪和固定主机的地方，浅的那边一般设计成 16～18 cm，以便于清舍时候水往一头流，同时便于主机隐藏于地下。

2. 主机 主机安装应挖成 1 m 见方，深 70 cm 的坑，然后用混凝土浇筑，浇注时打上预埋铁，浇完后上平面应比地沟底面低 12～13 cm。安装主机时，用电焊点上几点即可，也可使用大号膨胀螺丝连接固定。

3. 转角轮 安装转角轮千万要注意参考安装图，绳子绕的轮槽边是中心，不是转向轮的轴中心，如果中心找错了，刮粪时粪板将跑偏不稳定。中心找好后用混凝土浇筑，浇筑至转向轮轴露出来 4 cm 即可。转向轮高度应为从沟底往上量 20 cm，水泥墩 60 cm×60 cm。

4. 绕绳 绕绳的时候，应先把绳子一头在主机两个绕绳轮绕满，然后再把转向轮绕上。最后在一个刮粪板上扣死即可。

5. 紧绳 紧绳需要两个人，其中一个把着开关，另一个人把绳子从刮粪板架子上绕过去，然后把绳子头固定的转向轮的轴上，然后一个人拉绳子，一个人开开关，主机把绳子拉紧即可。

6. 安装注意事项 应以绳子或链条中心线为基准。应保证各个拐角处转角轮中心位置的线性度、垂直度合理准确。缓冲弹簧的端头应朝下。电机轴和传动链轮的接触面及连接螺栓需打黄油后再安装，方便日后维修拆卸。安装电气应规范操作，接线牢固，设备必须使用真正地线接地，通电之前应认真核对。

（四）牵引刮板式清粪机作业前技术状态检查

检查操作人员进入养殖区时是否更换工作服、工作帽、绝缘鞋等防护用品，并进行淋雨消毒。

检查机电状态是否正常；检查电源是否有可靠的接地保护线及漏电、触电保护器（空气开关）等保护设施。

检查电源、电控柜指示灯是否正常，线路连接是否良好，是否有破损。

检查行程开关有无机械损坏，工作是否灵敏可靠。

检查所有传动部件是否组装正确，有无松动。

检查驱动装置、钢丝绳、刮粪板等所有的螺栓和紧固件是否锁紧，是否牢固可靠。

检查所有需要润滑部件是否加注润滑油；检查减速器的油位情况，从油镜中能否看到润滑油。

检查电动机、减速机等转向是否正确，运转时各部件无异常响，若有则应立即停机检查。

检查主动绳轮和被动绳轮与绳轮槽是否对齐，牵引绳有无出槽重叠，绳轮槽内是否干净；检查转角轮是否保持水平位置固定，是否坚实稳固；检查牵引绳磨损程度、松紧程度、表面干净程度；检查点动检查牵引绳是否运转良好，是否存在抖动现象。

检查联轴器对中性是否良好，其误差不得大于所用联轴器的许用补偿。

检查传动皮带松紧度是否合适，若过松或者过紧则应调节。

检查粪道是否有障碍物，粪道内水泥地面有无破损、坑洼现象，是否有局部粪便清不净现象，冬季检查分道内是否有结冰现象。

检查刮粪板下端有无缺损，是否刮净粪道。

检查点动检查刮粪板是否起落灵活，是否与粪道地面、粪道两侧有卡碰现象，检查底部刮粪橡胶条磨损情况。

检查刮粪板回程时离地间隙，是否符合设备要求，间隙一般为 80～120 mm。

（五）牵引刮板式清粪机作业

电动刮粪板工作流程：电机启动→传动轮转动→链条运转→刮板运行→刮板将粪刮入粪沟。

1. 开关机作业

（1）经检查机具技术状态符合要求后，开启驱动电机，系统即进入工作状态。

（2）人工定期清理刮粪板首尾两端的清粪死区。

（3）检查刮粪板是否能畅通无阻地移动而不会碰到突出的地板或螺栓头等。

（4）完成工作后要按下停止按钮，并及时切断电源。

2. 作业时注意事项

（1）操作电控装置时应小心谨慎，防止电击伤人。

（2）刮板工作时，前进方向上严禁站人。

（3）操作面板的设置不允许非技术人员任意修改，严禁提高刮粪板行走速度。

（4）出现异常响声时要立即停机，切断电源后再进行维修，禁止带电维修。

（5）在寒冷地方必须安装防冻保护。如刮粪板等已冻住，应先除掉电机、转角轮上附着的粪便，如果设备依然冻结，应用热水或盐水解冻后才能重新启动电机。

（6）更换电路过载保护装置时，应严格按照使用说明书配置，不得随意提高过载保护装置的过载能力。

（六）牵引刮板式清粪机的技术维护

定期检查控制系统与安全系统的使用可靠性。

定期清除刮粪板上的残余物，以延长机械的使用寿命。

清洁盒内每半月应清理一次，并加入 46 号机械油。

驱动系统的链条部分每月涂抹一次黄油（3 号锂基润滑脂），各轴承处 3 个月加一次润滑脂，减速器一般每 6 个月加一次润滑油。

定期检查调整传动链条或皮带的松紧度。

整机系统每 6 个月进行一次停机维修。

参照保养说明书要求定期保养电动机与座杆减速机。

（七）牵引刮板式清粪机常见故障诊断及排除

牵引刮板式清粪机常见故障诊断及排除具体见表 3-3。

表 3-3　牵引刮板式清粪机常见故障诊断及排除

故障名称	故障现象	故障原因	排除方法
清粪机电机不转	合上电源，电机不运转	1. 电源线路断开 2. 电压低 3. 电机损坏	1. 检查接通电源线路 2. 调整电压 3. 修理或更换电机

（续）

故障名称	故障现象	故障原因	排除方法
刮粪板卡死	刮粪板在运行中出现卡死	1. 粪道槽中有石子等 2. 粪道两边的坎墙破损 3. 牵引绳过松	1. 清除堵塞物 2. 修整后，重新启动 3. 闹整牵电长度或调整张紧轮
清粪机无故停机	在运行中突然停机	若行程开关动作可能是滚筒上的钢丝绳叠加了，或是丝杠上的行程开关动作	根据现场情况倒转调整丝杠上的拨线器或行程开关限位板的位置
刮粪板跑偏，向坑道一侧倾斜	刮粪板向坑道一侧倾斜	1. 牵引架与刮粪板不平行 2. 牵引绳与纵向粪沟不对中 3. 纵向粪沟宽度方向不等高 4. 转角轮中牵引绳脱落	1. 调节刮粪板两侧螺母使之与牵引架平行 2. 调整纵向粪沟两端转角轮位置 3. 修复粪沟地面使之宽度方向等高 4. 停机调整转角轮
刮粪板超越横向粪沟	刮粪板超越横向粪沟	1. 初始安装尺寸不当 2. 行程开关失灵	1. 调整安装尺寸 2. 修理或更换行程开关
刮粪不净	刮粪时刮粪不净	1. 刮粪板底部橡胶条破损 2. 粪沟地面损坏、不平、有坑洼	1. 更换刮粪板底部橡胶条 2. 修复粪沟地面

四、牛舍自动刮粪系统及粪沟设计

刮粪板将粪尿刮到牛舍中间或一端的地下粪沟或粪管，挤奶厅的废水也一并流入到地下粪沟或粪管。利用粪沟或粪管按区将粪污运送到后端固液分离系统的混合搅拌池中，再进行固液分离（图3-10）。

在粪沟的始端设置水冲阀门，利用废水冲洗将粪污冲到混合搅拌池。

牛舍中间或一端的粪沟或粪管的选材、埋深、尺寸及坡度均需要经过专业人员计算，一般粪沟或粪管的坡度为0.3%～0.5%，管道管口在DN 300～1 500。管道管口在DN 600以下时需要另加管道冲洗系统，以避免管道堵塞，或将铺设迫降调整为0.5%

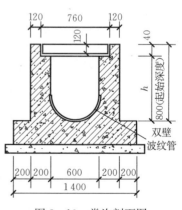

图3-10 粪沟剖面图

以上，选择 DN 600 以上管道时铺设迫降不小于 0.3%。

舍内的粪便通过粪沟上部时可以很容易漏到粪沟，粪沟上部盖板的设计要求不会伤害到牛蹄；室外管道则埋设在冻土层以下防止结冰，保证冬季的平稳运行。

五、运动场粪污清理方案

在我国北方寒冷地区，一般从 6 月到 10 月底降水量少，牛粪经风吹日晒，几天内就会变干，所以运动场比较干燥，粪污达到一定高度时可以随时用铲车清理，并运出场外。从 12 月到翌年 2 月，由于天气寒冷，运动场的粪污都被冻住，故难以装载和拉运粪污，此期每天可以分 2 次，对排到运动场和走道的粪污在没有被冻结之前进行逐堆清理或者用铁锹抹平，防止粪便冻结后高低不平，对牛肢蹄造成损害。入冬前的 11 月和开春的 3～5 月，运动场内的环境最差，积雪消融，雪水加上粪污，此时运动场的粪污厚度一般达到 25 cm 以上，面积偏小的牛场粪污厚度达到 50 cm，此时工作人员的长筒靴都会进水。此期由于粪污呈糊状，含水量高达 90% 以上，无法拉运，只能等到 5 月天气渐暖，粪污水分蒸发，适当干燥后才可拉运。北方地区牛场运动场每年最少清粪 2 次，即在入冬之前的 11 月和开春之后的 5 月，在此期间半年的粪污要堆放在运动场，因此没有较大的运动场就会影响生产。

运动场转载机清粪时要注意，既要把粪污清理干净，又不能破坏运动场的地面结构。运动场牛粪一般直接进行堆肥发酵，加工制作成有机肥，最终还田利用。

第四章

奶牛场粪污固液分离技术

一、奶牛场粪污预处理

粪水进入贮存池前应经过预处理，预处理包括：格栅、沉砂池、固液分离系统、水解酸化池等（图 4-1）。处理牛场粪便时，预处理应设有粪草分离、切割和混合装置；散放式奶牛场液态粪水时可经沉砂池处理。

图 4-1　牛场粪水的预处理及转移方式

二、奶牛场粪污转移方式

粪便收集后需要往贮存池中转移，养殖场中常见的转运系统主要包括重力自流管道系统、接收池及泵送系统、回冲管路系统和其他运转系统。

（一）重力自流管道系统

重力自流管道系统借助液粪的动力推动粪便流动（图 4-2）。奶厅废水可使用管径 150～200 mm 的管道，如果需要输送混合着垫料的牛粪（含固率高达 12%），则需要管径 600～900 mm 的管道。重力自留粪便输送系统对粪便的黏稠度有很高的要求，输送管道距离过长或粪便混合不均匀都有可能造成固体沉积，日积月累会引起管道堵塞。为了保证粪便流动顺畅，每 100 m 的运送距离，粪道和接收池最高位置的落差至少要达到 1.2 m。输送管道上每隔 30～50 m 及所有转弯处都应设置清扫口。重力自流管道系统应该埋设在冻土层以下，并且入口处应该在贮存池的底部，以避免结冰。冬季冻结之前，应该确保位于贮存池的管道入口上方已有 600 mm 左右的粪便。在极寒冷气候下，不要将已冻结的粪便推入动力流管中。可以将冻结的粪便堆放在圈舍附近，或者直接拉到贮存池。

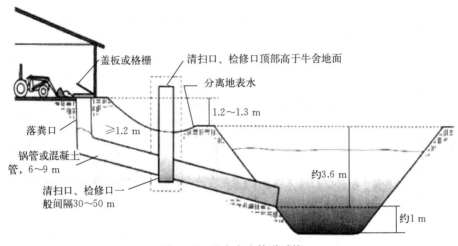

图 4-2　重力自流管道系统

（二）接收池及泵送系统

使用泵送技术可以传送多种类型的粪便，根据泵送粪便的性质确定泵的类型，泵需要能够处理带垫料的粪便，能够产生足够的压力将池底的粪便提升到大贮存塘或还田设备中（图 4-3）。粪便和粪水收集到位于圈舍两端的接收池。接收池的容量大小取决于贮存周期的长短。可将接收池设计成 1 周左右的贮存容量，每周将粪便泵送到贮存池；也可将接收池贮存容量设计成 2～4 周，定期对池内粪便进行搅拌，使粪便混合均匀后再输送。此外，在寒冷地区，可以将接收池设计成 3～4 个月的贮存容量，这样在冬季温度低时便有条件停止泵送。

（三）回冲管路系统

回冲管路系统通常配合铲车推粪或者机械刮粪板使用，利用管道中液体的快速流动实现单个或多个圈舍中粪便的横向移动。管道的直径一般为 400 mm。集污池中的大流量回冲泵可以使回冲管路内液体产生足够的流速，防止粪便中的固体和垫料在粪浆流入集污池的过程中沉淀。集污池的粪便会定期排放，并进入下一个处理环节。在此之前须额外注水，以保证有足够的液体维持回冲管路的运行，注水原则是 1 份水兑 1 份粪浆。回冲管路内固体含量的变化范围控

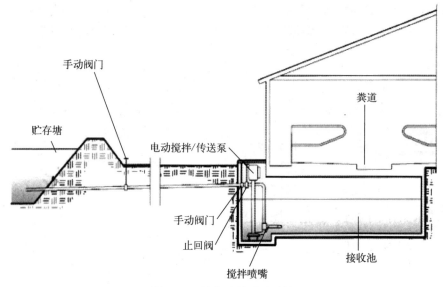

图 4-3 接收池及泵送系统

制在 2%~7%。回冲管路系统要求用泵对液体进行高度传送，液体在圆管中高速流动带走粪便。如果持续添加粪便而没有进行固液分离或补充水则会导致泵送量降低，液体流速变慢，引起回冲管路内固体沉淀。目前，回冲管路系统集合固液分离是奶牛场普遍应用的一项技术。

三、奶牛场粪污固液分离技术

（一）畜禽粪便固体物含量与固液分离的作用

粪污形态根据其固体和水分含量进行区分：直观上，粪污主要以固体和液体 2 种形态存在；按照粪污中固体物含量多少细分为固体、半固体、粪浆和液体，对应的固体物含量分别为>20%、10%~20%、5%~10%、<5%。不同畜禽种类的生理代谢过程不一样，排泄粪便的干湿程度和尿液的多少差异很大，因此排泄时粪污的状态也不相同（图 4-4）。粪污的相邻形态，如粪浆和半固体之间，不一定有明显的分界线。同时，饲喂日粮、饮水量、垫草的类型和数量、环境气候变化、疾病等因素影响，粪污中的固体物含量或水分含量发生变化，可能从一种形态转变成另一种形态。

影响粪污处理生产效率的关键因素是粪便含水率。规模化奶牛场粪污量大、含水率高，在运输、贮存、利用时不方便，固液分离作为粪污利用的预处理，

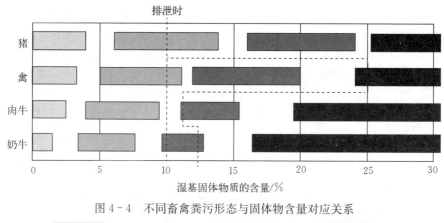

图 4-4 不同畜禽粪污形态与固体物含量对应关系

起着不可或缺的作用。固液分离工艺常用方法有絮凝分离法、沉降法、蒸发法和机械法等,分离出来的固相用于堆肥,液相通过快速厌氧发酵后形成沼液。固液分离设备主要由潜水切割泵、潜水搅拌机和固液分离机组成(图 4-5)。

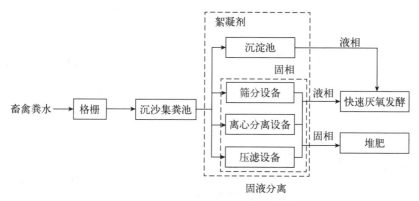

图 4-5 畜禽养殖粪水固液分离工艺

(二)固液分离设备特点及选型

机械固液分离设备可分为筛分、离心分离和压滤等类型。

从原理上讲,固液分离过程可分为沉降、过滤、离心 3 种方法。工作原理如下:沉降式依靠外力的作用,利用分散介质(固相)与分散介质(液相)之间的密度差异,使之发生相对运动而实现固液分离的过程;过滤式以某种多孔性物质作为介质,在外力作用下,悬浮液中的流体通过介质孔道,而固体颗粒被截留下来，从而实行固液分离的过程；离心式是利用装置所提供的离心力来实现固液分离的过程。

在固液分离机设备选型时应按以下需求进行选择：是否能满足处理牛场日常量的需求，可购置多台，同时运行；固液分离机的设备材料是否能满足奶牛粪污高盐、高腐蚀性的要求；固液分离后的干物质含量能否达到牛床垫料要求；设备是否维护方便，配件是否容易购买；设备运行功率成本核算如何。

1. 离心式分离机 离心式分离机主要是卧式螺旋离心机。其优点是分离速度快，分离效率高于筛分，分离后的固体含水率相对较低；缺点是设备昂贵，能耗大，清洗内部零件不方便，维修困难。适用于处理场地大、投资额较大、粪便处理量较小、处理效果要求较高的养殖场，目前应用较广泛。

2. 压滤式分离机 压滤式分离机主要分为螺旋挤压机、带式压滤机和板框压滤机（表 4-1）。

表 4-1 不同耗能条件下条带压滤机、螺旋挤压机和沉淀离心机分离性能

项目	带式压滤机		螺旋挤压机		沉淀离心机	
	1	2	1	2	1	2
入流量/(m³/h)	—	0.52~2.73	—	87.4	15	20.8
入流固体含量/%	5.7~7.1	5.4~8.3	7.1~5.4	2.6	1.7	4.5
固液分离后固相含量/%	15.3~19.2	20~30	21.9~32.3	26.1	35.4	27.3
固液分离后液相中干物质去除率/%	42.8~48.1	71~78	19.2~35	24	37	60.5
固液分离后液相中氮去除率/%	23.6~28.9	69~79	69~75	4.4~7.7	7.1	13
固液分离后磷去除率/%	30.3~30.4	31~41	31~41	12.2~18.6	5.3	30
能耗/(kW·h/m³)	0.08	0.6~1.6	0.6~1.6	0.53	—	0.53~0.94

（1）螺旋挤压机。其优点是结构简单，体积小，效率高，维护方便，运行费用低，连续运行，噪音小，寿命长，得到的固体物含水率低（60%）。缺点是粪便中的固体回收率低于30%，进料口粪水须搅拌均匀，网筛易磨损。适用于处理场地较小、粪便处理量较大、处理效果较高、设备需要连续组的养殖场，分离后的粪水需要进一步处理或直接还田。目前在牛场应用最广泛（图 4-6、图 4-7）。

（2）带式压滤机。其优点是结构简单，操作方便，能耗低，噪音小，可连续作业，得到的固体含水率低。缺点是设备费用高，滤布磨损大，高压水喷洗滤带用水量大。适用于处理场地较大、投资额度较大、粪便处理效果要求高、设备须连续作业的养殖场。目前在牛场应用很少（图 4-8）。

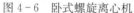
图 4-6　卧式螺旋离心机　　　　　　　图 4-7　螺旋挤压机

　　（3）板框压滤机。优点是更换滤布方便，压力大，得到的固体含水率低。缺点是体积重量大，工作效率低，不稳定，操作环境差。适用于处理场地宽敞、投资额较大、粪便处理要求较高、设备不连续作业的养殖场。目前在牛场应用很少（图 4-9）。

图 4-8　带式压滤机　　　　　　　　　图 4-9　板框压滤机

　　3. 筛分式分离机　筛分技术主要包括斜板筛、振动筛和滚筒筛等分离技术工艺，其分离性能取决于筛孔尺寸，以及粪水的输送流量和粪水的物理特性（固体含量与固体颗粒的分布等）（表 4-2、表 4-3）。

表 4-2　筛分设备分离性能

项目	斜板筛	滚筒筛	振动筛
入流量/(m³/h)	4.2～8.0	8.0～12	—
入流固体含量/%	1.1～2.1	1.2～2.2	1.5～5.4
固液分离后固相含固率/%	4.8～6.2	8.8～11.9	5.0～22.1
固液分离后液相中干物质去除率/%	5.7～30.8	4.7～23.9	5.0～35
固液分离后液相中氮去除率/%	2.7～5.5	5.3～10.9	2.0～16.8

（续）

项目	斜板筛	滚筒筛	振动筛
固液分离后磷去除率/%	2.3～11.7	1.5～20.5	2.0～51
能耗/(kW·h/m³)	0.33～0.74	0.41～1.63	0.45～1.55

表4-3 分离设备运行特点与适用性

分离设备	总固体含量/%	奶牛存栏规模/头	固相干物质含量/%
固定筛	1.1～2.1	＞20	4.8～6.2
滚筒筛	1.2～2.2	＞200	8.8～11.9
振动筛	1.5～5.4	＞200	5.0～22.1
螺旋挤压机	5.7～7.1	＞20	15.3～29.2
条带压滤机	7.1～10.4	＞200	21.9～32.3
沉淀式离心机	1.7～5.4	＞200	27.3～35.4

（1）斜板筛。优点是结构简单，操作方便，便于维护，节能省耗。缺点是处理后固体的含水率较高，使用一段时间后筛网堵塞易，需要经常清洗，很难处理放置30 d以上的粪便。适用于处理场地小、投资少、新鲜粪便含水率高、处理量大、处理要求低的养殖场。目前在牛场应用占比一般（图4-10）。

（2）振动筛。优点是结构简单，使用面广，可以减少筛网堵塞。缺点是工作噪音大，震动零部件易损坏，能耗较高。适用于处理场地小、投资较少、粪便处理量大、处理要求低的养殖场。目前在牛场应用占比一般（图4-11）。

图4-10 斜板筛

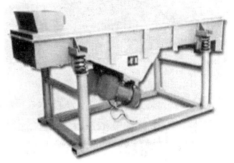

图4-11 振动筛

（3）滚筒筛。与固定筛相比，滚筒筛所得固相物质的固体含量更高，除入流固体浓度外，滚筒筛筛鼓的旋转速度、筛孔孔径以及粪便的入流速率都能显著影响其固液分离效率。滚筒筛的投资要比固定筛略大，在处理量大的时候较为经济，但对于小型尤其是对于养殖规模在300头以下的奶牛场而言，滚筒筛的单位处理能耗过高。

（三）畜禽粪便固液分离机常用的评价指标

1. 分离后污水含固率　分离后粪污水含固率反映了经过固液分离后的粪污水中干物质含量的多少。一般采用以下方法测定：在固液分离机正常工作的前期、中期、后期，从每个时期分离后排出的粪污水中取 3 份不少于 50 g 的样品，称取质量后，将样品置于（105±2）℃恒温条件下干燥 6 h，称取干物质质量，计算含固率，取平均值作为分离后粪污水含固率。

2. 分离后固形物含固率　分离后固形物含固率反映了从粪污中经固液分离出来的干物质含水量的高低。如果分离后固形物含水率较高，还须进行晾晒才能作为牛床垫料使用或是进行有机肥的加工。分离后固形物含固率的测定采用以下方法：在固液分离机正常工作的前期、中期、后期，从每个时期固液分离机的物料出口处取 3 份不少于 50 g 的样品，称取质量后，将样品置于（105±2）℃恒温条件下干燥 6 h，称取干物质质量，计算含水率，取平均值作为分离后固形物含水率。

3. 固形物去除率　在畜禽粪便固液分离机的评价指标中采用固形物去除率这一评价指标，能够很好地评价横向比较处于相同作业对象下的畜禽粪便固液分离机干湿分离作业效果，避免不同结构形式的畜禽粪便固液分离机、不同作业环境条件带来的影响。固形物去除率表示的是对原有粪污水中干物质的去除程度，这是一个相对值，不用考虑粪污水原始浓度和机械的结构形式与工作原理，只看最终去除了多少干物质。通过固形物去除率这一指标，结合分离后固形物含水率，就能很方便地得出在同种作业对象相比较下，哪种结构形式的畜禽粪便固液分离机作业效果较好。

固形物去除率的推导如下。

设处理前的粪污水总质量为 M，处理后的粪污水质量为 M_1，处理后的固形物质量为 M_2，处理前的粪污水含固率为 a_1，处理后的粪污水含固率为 a_2，处理后的固形物含水率为 a_3。根据质量守恒定律可得如下公式。

$$M \cdot a_1 = M_1 \cdot a_2 + M_2(1-a_3) \qquad (1)$$

设定 Q 为固形物去除率，则：

$$Q = \frac{M_2(1-a_3)}{Ma_1} \qquad (2)$$

由（1）可得，

$$M_2(1-a_3) = M \cdot a_1 - M_1 \cdot a_2 \qquad (3)$$

将（3）代入（2）得，

$$Q=\frac{M \cdot a_1 - M_1 \cdot a_2}{M \cdot a_1}=1-\frac{M_1 \cdot a_2}{M_1 \cdot a_1} \tag{4}$$

又处理前后质量恒定，即：

$$M=M_1+M_2 \tag{5}$$

将（5）代入（1）式，得

$$M_1 \cdot a_1 + M_2 \cdot a_2 = M_1 \cdot a_1 + M_2(1-a_3) \tag{6}$$

最后经过整理得，

$$Q=\frac{(1-a_3)(a_1-a_2)}{a_1(1-a_2-a_3)} \tag{7}$$

利用部分筛分式、螺旋挤压式、辊轮压榨式等结构形式的粪便固液分离机处理奶牛粪水固形物，其去除率情况如表4-4所示。

表4-4　牛粪水固形物去除率数据表

设备名称	处理前粪污水含固率 $a_1/\%$	处理后粪污水含固率 $a_2/\%$	处理后固形物含水率 $a_3/\%$	固形物去除率 $Q/\%$
0.5K 螺旋挤压固液分离机	8.06	5	68	45
260/75 螺旋挤压固液分离机	4.46	2.4	78	51.84
300/50 螺旋挤压固液分离机	9.05	2.7	74	78.3
550 螺旋挤压固液分离机	8.68	4.4	77	60.97
GY-1 螺旋挤压式固液分离机	6.06	3.3	78	53.58
筛分三级滚轮压榨式固液分离机	6	2.9	65	56.33
00 两辊分离机	12.82	5.2	72	72.99
筛分式固液分离机	3.15	2.18	63.6	32.76
2K 污粪固液筛分机	12.34	8.22	73.1	48.11
3K 污粪固液筛分机	12.36	8.9	78	47.01
125 固液分离机	3.67	2.2	69	43.11
170 固液分离机	3.67	2.1	68	45.78
15 畜禽粪便固液分离机	3.47	2.5	71	30.59
260 畜禽粪便固液分离机	9.85	6	56	45.26
16 畜禽粪便固液分离机	9.7	7.3	66	31.51

注：在此对畜禽粪便固液分离机的具体型号进行了处理。

M·Ford（2002）对不同固液分离设备分离效果的研究结果表明：从分离后干物质含量来看，沉降式离心机和螺旋压滤机分离后干物质含量较高，接近40%，因此分离效果最好（图4-12）。目前技术条件下最好的固液分离机分离后干物质含量为35%～38%。堆肥发酵水分要求在40%～60%，固液分离后的固体部分可以直接进行好氧堆肥发酵。如果固液分离后的固体部分太湿，就需要添加粉碎的秸秆或者需要进行晾晒，增加工艺流程、人员成本、物料成本。

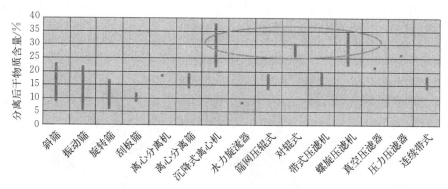

图 4-12　不同固液分离设备的分离效果

（四）固液分离配套设施与设备

1. 固液分离设施布置　固液分离区域设施布置见图 4-13。

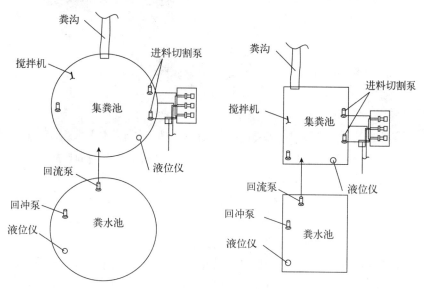

图 4-13　固液分离区布置示意图

2. 集粪池　集粪池的主要功能是收集粪污，另一个功能是调节水量，保证后续固液分离的连续进行。集粪池内配装有搅拌机、进料切割泵及液位仪

（图4-14至图4-17）。积粪池的容积至少应满足容纳整个养殖场3～5d产生的粪便总量，为保证搅拌效率和效果，其有效深度还应满足搅拌机对最小池深为2.5m的要求。集粪池应选择钢砼结构建设，为了防止形成死角而导致固体沉积物堆积，最好建成圆形或六边形，也可建成方形。

图4-14 集粪池与配套设备

图4-15 固液分离设备

图4-16 搅拌机

图4-17 进料切割泵

3. 粪水池 粪水池主要是容纳固液分离后的液体部分，并兼有循环回冲水池、沉淀池的功能。粪水池的容积应不小于整个牛场一次的回冲水量。粪水池内主要有回冲泵和液位仪。

4. 搅拌机 搅拌机主要是将粪污搅拌稀释均匀，以保证进料均匀。搅拌机整体采用铸铁材料，叶轮和提升系统采用耐腐蚀性强的不锈钢材质，同时带有专用的安装起吊系统，无须排出池内粪水，即可快速安装和拆卸潜水搅拌机，提升系统应带有行星齿轮盒，以便根据池内的液面高度提升纵横搅拌的高度和角度。根据粪池的容积、池形系数、粪便曲线类型、单位能耗值，计算搅拌机的功率。

5. 进料切割泵 进料切割泵能将粪便中的杂草等纤维物质切碎后连同粪水一并提升到固液分离机。可抽取的粪便固形物含量最大可达 12%，适用于牛场的粪便处理。

6. 液位仪 液位仪主要通过对高低液位的控制来实现分离系统的自动开启和关闭（图 4-18、图 4-19）。

图 4-18 液位仪　　　　　　　图 4-19 回冲泵

四、固液分离设备的运行与维护

1. 螺旋挤压式固液分离设备作业准备 ①使无关人员远离设备和与设备相关的地点；②准备好粪污及其输送设备；③检查皮带轮与传动轴之间的连接；④检查控制箱的电源和接地线等安全防护措施；⑤检查控制箱的安装位置和控制箱与电机相连接的电缆截面积；⑥检查螺旋挤压式固液分离设备的技术状态。

2. 螺旋挤压式固液分离设备作业前技术状态检查 ①检查机电共性技术状态是否良好；②检查机身是否处在水平状态；③检查筛网是否平整；④检查上、下段机身框架是否连接可靠；⑤检查电源电压是否正常，电路线是否连接好，控制箱接地线是否可靠；⑥检查控制箱与电机连接的电缆截面积是否能承受其工作电流，以保证电机正常工作；⑦检查皮带轮与传动轴的轮是否处于同一平面；⑧检查轴承等运动部件是否加注润滑油；⑨检查管路连接是否良好，有无渗漏现象。

3. 螺旋挤压式固液分离设备工作过程 该设备的工作过程是将牛场中产生的粪污泵入平衡槽内，然后由两根软管放入脱水器底部，在搅笼和不锈钢网筒的搅动过滤作用下，将大部分水分经滤网脱出，在出水口将两根软管送达五辊分离机底部接液盘内，将五辊分离出的水分送到沼液池内；同时物料沿螺旋上升，在顶部含水量为 $83\% \sim 89\%$ 的肥料经出料斗滑到五辊分离机进料口内，经五辊分离机进一步碾压，含水量为 $70\% \sim 78\%$ 的干肥料沿五辊下端的刮板排出（表4-5）。

表4-5 螺旋挤压式固液分离设备常见故障诊断及排除

故障名称	故障现象	故障原因	排除方法
电机不运转	通电后，电机不运转	1. 电源线路断开 2. 电压不足 3. 电机损坏 4. 管路堵塞	1. 接通电源线路 2. 调整电压 3. 修理或更换电机 4. 停机清除堵塞物
出料太湿	出料太湿	1. 高低液位开关失效 2. 溢流管高度不合适	1. 调整或更换液位开关 2. 调整溢流管高度
平衡槽溢粪	粪污溢出平衡槽	溢流管堵塞	停机清除堵塞物
管道渗漏	管道或接头漏水	1. 管道损坏 2. 接头松动	1. 修复 2. 拧紧接头

4. 螺旋挤压式固液分离设备技术维护 ①维修期间，所有开关始终保持关闭状态。②参照机电设备常规技术维护进行维护。③每班下班前清洗分离机进料夹层，以免粪渣淤塞影响分离效果。如发现出液口流出液体少，可单独做几次停、开的动作，如果没有效果则表示筛网需要清洗，一般情况下，使用 $15 \sim 20$ d 后须清洗一次。清洗步骤：一，停止泵运行，让主机螺旋单独旋转，待出渣翻板处停止挤出固体为止；二，将出渣翻板所属部件从主轴箱上拆下；三，将螺杆旋松取出；四，先将卸料口螺栓取下，随后取下螺旋轴，拆下筛网；五，用清水及铜丝板刷将筛网清洗干净；六，在取下网筛的同时需注意网筛的导轨位置，最好做上记号，安装时仍然保持原来的位置，否则在以后的运转中，将加大网筛的磨损，自然也就会影响挤压机的出料效率。安装好后，按要求进行试车。④累计运行720 h 后，应检查轴承并加注润滑油，如轴承过度磨损则应立即更换。⑤电子元件等损坏后，应更换指定型号的电子元件等。

五、奶牛场粪污贮存池

（一）粪便贮存池容积

集约化养殖场粪便贮存参考《畜禽粪便贮存设施设计要求》（GB/T 27622—

2011）中的要求计算贮存设施容积 S（m³）：

$$S=\frac{N\times Q_w\times D}{\rho_M}$$

式中　S——贮存设施容积，m³；

　　　　N——动物单位的数量；

　　　　Q_w——每动物单位的动物每日产生的粪便量，kg/d，奶牛为 86 kg/d；

　　　　D——贮存时间，具体贮存天数根据粪便后续处理工艺确定，奶牛场可以取 180～270 d；

　　　　ρ_M——粪便密度，kg/m³，奶牛为 990 kg/m³。

所以奶牛场贮存设施容积 S（m³）可简化为：

S=15.636 4 N（6 个月）

S=23.454 5 N（9 个月）

根据测算得出畜禽粪便贮存设施容积，下一步只需要根据场地大小、位置及土质条件等确定最终粪便贮存场地规格及尺寸。南北方多雨地区的粪便贮存设施需要设置防雨顶棚，新疆干旱地区不需要设置防雨顶棚，地面采用砖混结构硬化防渗措施。

粪便贮存池地面一般为混凝土结构，并向槽口以 1% 坡度倾斜，地面应能满足粪污运输车辆存放粪便的荷载的要求，地面应进行防渗处理，应满足《给水排水工程构筑物结构设计规范》（GB 50069—2002）中抗渗等级的 S6 的要求。地面应高出周边 30 cm。墙体不宜超过 1.5 m。采用砖混或混凝土结构、水泥抹面。墙体厚度 240 mm。顶部雨棚可采用钢瓦等防风防压材料，雨棚下玄与设施地面净高 3.5 m，方便运输车辆进入。

（二）污水贮存池容积

污水贮存池容积计算见第七章氧化塘处理技术。

（三）贮存池建设要求

贮存池的结构应符合《给水排水工程构筑物结构设计规范》（GB 50069—2002）的有关规定。为防止贮存池内粪水渗过池壁和池底，对周围土壤和地下水造成污染，贮存池结构应具有防渗漏功能，在施工前应对拟建场地进行必要的地质勘查工作，通过勘察场地的工程地质条件，分析该场地土质、岩土类型等基础情况，以确定该场地是否适合建造贮存设施。对易侵蚀的部位，应采取相应的防腐措施。固态粪便贮存池应配备防降水的措施。为避免污水流出而污染环境，液态粪水贮存池应配置排污泵。

（四）结构尺寸

不管是固态粪便贮存池还是液态粪水贮存池，池高一般不超 6 m，地下贮存池合理高度为 1.8~3.6 m，其中包括 0.6 m 的预留高度。考虑到贮存期内降水等因素的影响，贮存池上部要有一定的预留空间，对于无盖的液态贮存池，除了要预留能满足应对 25 年来贮存池每天能够收集的最大降水量与平均降水持续时间的降水容积之外，还需要再增加 0.3 m 的预留高度，以确保安全。

贮存池底部一般都要配套使用防渗功能的建筑材料。为保证这部分材料的稳定性，土制贮存池要预留 0.6 m 的空间，混凝土贮存池则要预留 0.2 m 高度的空间。另外，地下贮粪设施一般要求池底高于地下水位 0.6 m 以上。

土坝的顶宽不宜小于 2 m，混凝土坝或石坝不应小于 0.8 m，土坝外坡坡度比宜为（2~4）：1，内坡坡度比宜为（2~3）：1。

在贮存池内侧粪水进水口和出水口位置设置平台、阶梯。

在贮存池周边设置 0.8 m 高的防护栏。

（五）防渗要求

贮存池要求池底和池壁有较高的抗腐蚀性和防渗性。尤其是地下贮存池，不管是土制还是混凝土制，都要做好池底的防渗防漏措施。池体四周及底部防渗级别应满足《给水排水工程构筑物结构设计规范》（GB 50069—2002）中抗渗等级的 S6 的要求，当池底原土渗透系数 K 大于 0.2 m/d 时应采取防渗措施。一般做法是将池底的原土挖出一定深度，然后用黏土或混凝土等一些具有较高防渗性能的建筑材料填充后压实。若在黏土层上建造，在喀斯特地貌地区或者附近有饮用水源地的土层，应再铺设一层防水膜。施工完成后，应进行池底和池壁的渗水性测试，以保证水的渗透性满足要求，如不满足要求，则需要重新处理。有些贮存池的容积较大，可能需要用机械设备来清理底层淤泥，这就要在池底设置保护材料，防止由于振动等因素而对池底造成磨损等损坏。

第五章

牛粪制作牛床垫料循环利用技术

一、奶牛场卧床垫料的概念和发展

奶牛场卧床垫料是指覆盖于奶牛场卧床内的无机或有机介质的统称，是奶牛场环境调控与奶牛福利的最重要组成部分。

奶牛每天有 $50\% \sim 60\%$ 的时间都躺卧在牛床上进行休息和反刍。躺卧时流经乳房的血流量可以增加 $20\% \sim 25\%$，每生成 1 L 乳汁，流经乳房的血液量为 $400 \sim 500$ L。舒适的躺卧环境会使奶牛群体躺卧的比例与时间均显著增加，产奶量也随之显著提高。奶牛在干燥松软垫料条件下，才能保证每天的躺卧时间达到正常需要，即 $12 \sim 14$ h，在垫料条件不理想的条件下，奶牛躺卧时间会缩短。牛场垫料环境的好坏，不但会影响到奶牛的生产性能，还会影响到奶牛肢蹄病的发病率、乳腺炎的发病率，以及牛体体表的清洁程度等。

早在 19 世纪 80 年代，国外发达国家就已经开始使用垫料，以提高奶牛躺卧的舒适性，最早使用的是沙子、锯末等。20 世纪以来，随着奶牛养殖业的进一步发展，传统垫料来源匮乏，人们开始寻求新的垫料原料，逐渐使用橡胶垫及牛粪等作为牛床垫料。

二、奶牛场床垫料的主要分类

根据奶牛卧床垫料组成材料性质的不同，将垫料划分为无机垫料和有机垫料 2 种。无机垫料不适合微生物的生长，相对有机垫料来说更安全，但其易对后续粪污处理设备造成磨损甚至损坏，不利于后续粪污处理设备使用，而且使用某些垫料如橡胶垫料会降低奶牛的舒适度。而有机垫料增强了奶牛躺卧舒适程度，同时含有有机质，能为后期粪污处理堆肥发酵补充养分物质。

（一）沙子、沙土类垫料

沙子、沙土类垫料属于无机垫料。卧床沙子的粒径范围一般为 $0.2 \sim$

0.5 mm。沙子具有防滑效果好、牛体清洁、渗水性强、不易结块、有机物含量低、有害微生物繁殖速度慢于有机垫料、牛舍环境情况保持程度较好等优点。

但沙子不能二次利用，沙子卧床垫料的使用成本为一次性投资。特别是随着国家生态环保力度的加大，许多地方已经限制沙子的乱挖乱拉。若用沙子作为卧床垫料，沙子无法与混合后的粪污完全分离，沙子卧床垫料会跟随进入粪便管道、固液分离系统、提升泵和后续贮存系统，残存的沙子在管道铺设坡度不足时会堵塞输送管道，在通过固液分离系统时会加剧对中心轴的磨损和筛网的堵塞，导致固液分离系统停运。受影响最严重的是后续贮存系统，在规定贮存时间内，沙子会逐渐挤占贮存系统的有效容积，并且无法使用搅拌、水流冲击等手段匀浆，也无法通过提升泵进行排除沙子，即使最终通过排水清塘的手段能将液体全部抽出，剩余的泥浆状的混合物也无法净化后回收利用或还田。另外，由于沙子无法完全从粪污中分离，因此沙子会在干清粪还田等种养一体化过程中进入农田，造成土壤肥力下降，导致土壤保水能力退化，严重的将导致土壤沙化。

（二）锯末、稻壳类垫料

锯末、稻壳类垫料属于有机垫料。锯末、稻壳疏松多孔，保水性和通气性均较好，奶牛躺卧也更加舒适。使用锯末或稻壳类有机垫料，不会对整个舍区环境造成不良影响，即使进入粪污处理系统，也可以与粪便或者污水进入有机肥发酵或沼气工程环节，提高碳源含量，在一定程度上能提升有机肥好氧发酵和沼气工程厌氧发酵的效率，因此更有利于后续的粪污处理。

但与沙子、沙土类无机垫料相比，锯末、稻壳类垫料其中的有机成分可能会利于微生物的繁殖生长。使用前含菌量如大肠杆菌等较秸秆类垫料高，尤其是使用小颗粒的稻壳、锯末卧床垫料时，牛体的洁净度较低，需要定时清理，致病菌尤其容易附着在奶牛乳房周围，引发奶牛乳房炎，并传染性肢蹄病等疾病。

（三）橡胶卧床垫料

橡胶卧床垫料属于无机垫料，一般分为 2 类：一类是全橡胶，上表面具有不规则形状的橡胶板；另一类是由橡胶板或橡胶颗粒、海绵垫层等材料组成的橡胶床垫。橡胶卧床垫料的整体防滑性能较好，清扫时打扫完表面后用水直接冲洗即可。橡胶卧床垫料对奶牛室内的环境具有明显的改善作用，对牛的后肢、肢体、乳房和呼吸道的保护作用强于其他无机垫料，且清洗方便，无二次污染，属于环境友好型卧床垫料。

橡胶卧床垫料产品橡胶卧床的价格一般为 $150 \sim 200$ 元/m^3，可以使用3～5年。但其属于一次性投资产品，且无法产生其他有经济价值的附产物，一次性投资大，中小型养殖场可能难以长期负担，因而无法在养殖场内形成资源化利用。在我国养殖场环境压力渐增的情况下，与其他有机垫料相比，橡胶卧床垫料还不能占到足够的优势。

（四）牛粪卧床垫料

随着我国奶牛规模化养殖的不断发展，其产生的大量粪污已成为影响牧场环境和制约牧场生产的主要问题。牛场垫料舒适度直接影响奶牛的生产性能和健康状况的理念越来越受到重视。目前传统垫料资源短缺或价格攀升，寻找优质、舒适、廉价、环保、可再生的安全垫料来源已形成大趋势。牛粪中含有大量的纤维素、半纤维素和木质素，具有转化为奶牛卧床垫料的潜能。在此背景下，用牛粪制作牛床垫料，实现资源综合循环利用，已成为国内外寻找新型牛床垫料的一个主要方向。

把经固液分离后的牛粪制成牛床垫料，不仅能解决污粪存放的问题，还能解决牛床垫料来源的问题，并减轻后续粪污处理的难度，因此，将牛粪制成牛床垫料是连接粪污处理、提高产奶量、节省经济开支的纽带。

奶牛场牛粪含水率可达85%左右，为了方便清运处理，通常还会使用外加水、循环水或回用污水对管道进行冲洗，以减小牛粪的黏稠度，但同时也使牛粪变成含水率达95%以上的粪污混合物，无法直接将其作为奶牛卧床垫料加以利用，需要对其进行固液分离与好氧堆肥工艺。

牛粪堆积发酵制作卧床垫料并不需要将牛粪发酵到可以还田的地步，所以，无须调节牛粪中碳氮比和添加外源物质，只需要保持一定的含水率，并投入发酵堆，利用好氧发酵的工艺原理，进一步脱水、消毒，降低含水率，并杀灭绝大部分微生物，即能最终形成可供使用的牛床垫料（表5-1）。

表5-1　各种垫料综合比较表

垫料种类	安全性	舒适性	后期处理	铺设难易	日用量/（kg/头）	单价/（元/m^3）	购买成本/[元/（年·头）]
橡胶垫	一般	一般	易	最易	—	—	100
沙子	优	优	难	一般	20	60～40	450～300
沙土	良	差	难	一般	20	20	150
牛粪垫料	良	优	易	易	9	0	0

三、牛粪作为牛床垫料的制作工艺

(一) 固液分离后堆积发酵

好氧堆肥发酵是将固液分离后的牛粪，在氧气充足的条件下，依靠自身和环境中的好氧微生物对废物进行消化、分解和吸收的过程。

目前常用于制作牛床垫料的堆积发酵方式主要有：自然堆积发酵、条垛式堆肥发酵和槽式堆肥发酵。上述 3 种发酵方式将在后续章节作详细介绍，此处不再赘述。

1. 原料预处理阶段 由于原料来自固液分离系统，所以不需要进行粉碎。牛粪堆积发酵制作卧床垫料并不需要将牛粪发酵到可以还田的地步，所以无须调节牛粪中碳氮比和添加外源物质，只需要调整为一定的含水率。

2. 发酵阶段 由于制作牛粪垫料的发酵工艺不同于堆肥发酵的工艺，堆肥发酵一般经过前期的中高温阶段，需要 10～12 d，后期 40 ℃左右发酵腐熟 20～30 d 即可。制作牛粪垫料的发酵工艺只需要选取前期中高温发酵阶段，自然堆积发酵需要 10～12 d，槽式堆肥发酵需要 7～8 d，条垛式堆肥发酵需要 6～8 d 即可。

3. 晾晒阶段 发酵层表面牛粪并不能完全经过高温发酵，需要进一步晾晒消毒，一般铺设 10 cm 厚，晾晒 12 h 即可。

4. 使用阶段 直接将经过晾晒的干牛粪均匀地铺撒在卧床上，铺设高度不低于 20 cm。维护阶段主要分为差补、覆盖和更换 3 个阶段。差补阶段是根据每天被奶牛上下床时携带走的垫料量进行适当的补充，并将卧床整理平整。覆盖阶段是定期将新的垫料覆盖在旧垫料上，一是能保证牛体接触的垫料质量良好，触感柔软，二是能短时间隔绝底层被粪污污染的垫料。覆盖阶段的周期一般是 3～5 d，不超过 6 d。更换阶段是将卧床内的垫料整体清理干净，并进行严格消毒后，再投放新垫料的过程，该阶段的周期一般是两周。

(二) 沼渣固液分离后晾晒

沼渣是厌氧消化中奶牛粪污发酵制取沼气后残留在发酵罐底的半固体物质，主要由未分解的牛粪及新产生的微生物菌体组成。

1. 厌氧消化阶段 厌氧消化处理系统即沼气工程系统。沼气发酵过程包括：水解发酵阶段、产酸阶段和产甲烷阶段。沼气发酵对温度有一定的范围要求：46～65 ℃，称为高温发酵；20～45 ℃，称为发酵；20 ℃以下，称为低温发酵。其中以 35 ℃为最适温度，高于 60 ℃或低于 10 ℃，都将严重抑制微生物的活性，影响发酵和产气效率。现阶段适合奶牛场的沼气有以下 3 种，分别为升流式厌氧固体发酵罐（USR）、完全混合式厌氧消化器（CSTR）和推流厌氧消化器。上述 3 种沼气工艺将在后续章节进行详细介绍，此处不再赘述。沼气工程固体物作为牛床垫料，水力滞留时间设计达到 13～14 d 即可，设计更长时间对沼气工程有利，但是对垫料的加工不利。

2. 晾晒阶段 沼气工程最佳发酵温度为 35 ℃，但此温度并不适合牛粪的杀菌消毒，固液分离后得到的固体沼渣需要人工或者机械铲除后平铺到空地上进行晾晒消毒。

3. 使用阶段 直接将经过晾晒的沼渣均匀铺撒到牛床上，铺设高度不低于 20 cm，维护方法与自然发酵垫料的使用基本一致。

（三）固液分离后滚筒式发酵

与其他方法不同的是，滚筒式发酵吸取了前几种发酵方式的特点，规避了其他发酵方式占地面积大、贮存空间大、晾晒时间长、质量不稳定的缺点，使用水平滚筒来混合、通风，通过不断地旋转加快固液分离后固体牛粪与氧气的接触混合过程，加快滚筒内牛粪的发酵进程。滚筒内牛粪温度可达到 65～70 ℃，这一过程持续 18 h 至 3 d 不等，可杀灭绝大多数病原体，再经过不超过 6 h 的堆积，能进一步降低固体物的含水率，即可制成牛床垫料用于铺设（图 5 - 1）。

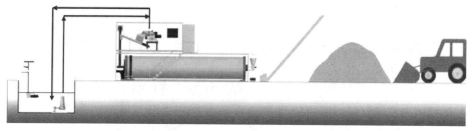

图 5 - 1　固液分离＋滚筒式发酵工艺流程

主要组成包括切割潜水泵、潜水搅拌器、螺旋挤压分离机、滚筒发酵仓和控制系统。牛床垫料生产系统（BRU）的外观及内部结构如图 5 - 2、图 5 - 3 所示。

经试验，通过改变螺旋挤压式固液分离机的筛网筛缝尺寸、进料含固率、堆料圆锥环隙尺寸等，认为在筛缝尺寸为 0.75 mm 时，原料含固率为 8％，卸料环隙尺寸范围为 40～50 mm 时，挤出物产量以及挤出物含水率指标最优。

图 5-2　牛床垫料生产系统（BRU）外观　图 5-3　牛床垫料生产系统（BRU）内部结构

滚筒发酵仓长度一般不小于 10 m，直径不小于 1.5 m，为固液分离后的牛粪提供充足的发酵空间。

1. 进料阶段　从固液分离机内挤压出来的牛粪干物质（干物质含量约为 36%），通过管道靠重力进入整个滚筒仓内，等滚筒仓内的进料量达到 1/2 时，滚筒仓以 0.5～1 r/min 的速度开始转动，对物料进行连续抛翻与混合。

2. 运行阶段　当滚筒仓内物料达到 2/3 体积时，即进入运行阶段，通过控制系统中的温度、监控数据来评估滚筒发酵仓内是否进入了发酵阶段。当温度上升至 45 ℃ 左右时，固液分离机同步进行工作，开始进行延续的进料程序。滚筒发酵仓内设置中心螺旋搅拌器或侧壁导流片，使转动过程中物料可以随转动向出料口移动，同时也可以松散牛粪，使整个发酵更彻底。3～5 d 后，进料口的温度应稳定在 35～45 ℃，滚筒发酵仓中部温度应稳定在 55～60 ℃，滚筒发酵仓后部应稳定在 65～70 ℃ 左右，出口温度应维持在 35～40 ℃，感官效果以用手接触牛粪感觉热，抓紧握团时感觉较烫为宜。

3. 出料阶段　正式运行后的固体物在滚筒发酵仓内滞留 18～72 h 后（取决于滚筒转速），借助物料的移动将发酵好的固体物推出滚筒发酵仓，进入提升绞笼，运输到贮存间内，经过 3～6 h 的存放即可进行使用，此时牛粪垫料干物质含量一般在 40%～42%，细菌含量在安全水平以内。经对沙湾天润乳业牛场滚筒发酵牛床垫料检测：生产的垫料中金黄色葡萄球菌为零，无乳链球菌为零，菌落总数 3×10^5 CFU，每克大肠菌群的 MPN＜30，均在许可范围内。一般情况下，成品垫料中金黄色葡萄球菌和无乳链球菌检测值应低于 100 CFU/mL，菌落总数应小于 100 万个/g。

4. 使用阶段　直接将经过存放的干牛粪使用专用机械均匀的铺撒在牛床上（图 5-4），铺设高度不低于 20 cm，并定期用专用机械进行牛床垫料整理

（图5-5），并定期补充（图5-6、图5-7）。

图5-4　喷洒牛床垫料　　　　　　图5-5　整理牛床垫料

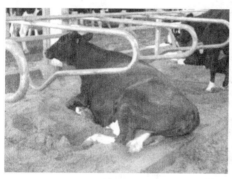 

图5-6　牛粪牛床垫料（近景）　　　图5-7　牛粪牛床垫料（远景）

第六章

好氧堆肥发酵技术

一、好氧堆肥发酵的概念、流程与物料平衡

(一)好氧堆肥发酵的概念

好氧堆肥发酵是指在人工控制和一定的水分、碳氮比和通风条件下通过微生物的发酵作用,实现有机废弃物无害化、稳定化,将粪便转变为肥料的过程。通过堆肥化过程,有机物由不稳定状态转变为稳定的腐殖质,堆肥产品中不含病原菌、杂草种子,而且无臭无蝇,可以安全处理和保存,是一种良好的土壤改良剂和有机肥料。

(二)好氧堆肥发酵工艺流程

好氧堆肥工艺流程主要包括原料预处理、一次发酵、二次发酵、后处理4个阶段(图6-1)。

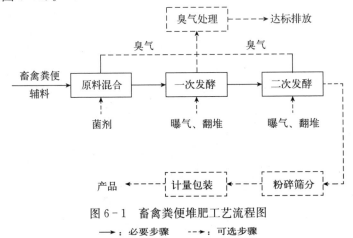

图6-1 畜禽粪便堆肥工艺流程图

——→:必要步骤 ----→:可选步骤

1. 原料预处理 以固液分离后的固体部分为主要原料，秸秆、锯末、稻壳或蘑菇渣等为辅料，按比例进行混合，调整混合物料的水分为 55%～70%、粒度为 0.1～5.0 cm，pH 为 5.5～9.0，C/N 为（20～40）:1，发酵菌剂投入量为湿物料重的 0.1%～0.2%，并使原料混合均匀（表 6-1）。含水率和碳氮比的合理调节既是保证发酵环节正常运行的必要条件，又是堆肥发酵的关键工艺。

表 6-1 堆肥原料预处理控制参数

参数	控制范围	操作方法
水分	55%～70%	物料水分高低搭配、干湿混合；可以用秸秆等干物料调节
粒度	0.1～5.0 cm	秸秆、树脂等大粒径原料要进行机械粉碎
pH	5.5～9.0	用生石灰、石膏、醋酸及农产品非加工废油酸等调节 pH
C/N	（20～40）:1	高氮素的物料应选择高碳素物料进行调节，如秸秆等
发酵菌剂投入量	0.1%～0.2%	发酵菌剂投入量为湿物料重的 0.1%～0.2%

（1）水分的调节。当养殖粪水不经过固液分离而直接进行堆肥发酵时，由于含水率过高，就需要使用秸秆、木屑、菇渣等含水率低的物料进行混合，使混合物料的含水率达到堆肥要求。

粪水与有机物料混合比例按照下列公式计算：

$$W = \frac{a \times (1 - X_1) + b \times (1 - X_2)}{a + b}$$

式中 W——混合物料的初始含水率（通常取 55% 左右），%；

a——粪水的质量，kg；

b——有机物料的质量，kg；

X_1——粪水的含固率，%；

X_2——有机物料的含固率，%。

（2）碳氮比的调节。微生物在分解有机质时，需要同化一定数量的碳和氮来构成自身组织，同时还要分解一定数量的有机碳化合物作为能量的来源。研究资料表明，微生物组成自身的体细胞需要吸收 5 份碳和 1 份氮，同时还需要 20 份碳作为生命活动的能源。所以好氧堆肥发酵需要保持一定的碳氮比（表 6-2、表 6-3）。

发酵物料中的碳氮比调节，按照下列公式计算：

$$D = \frac{a \times c_1 + b \times c_2 + c \times c_3}{a \times n_1 + b \times n_2 + c \times n_3}$$

式中 D——混合物料的初始碳氮比（通常取 25 左右）；

a——粪水的质量，kg；

b——有机物料的质量，kg；

c——高氮物质的添加量，kg；

c_1、c_2、c_3——分别为粪水、有机物料、高氮物质的含碳量，%；

n_1、n_2、n_3——分别为粪水、有机物料、高氮物质的含氮量，%。

表6-2　常用堆肥原料碳氮比列表（干）

成分	碳/%	氮/%	碳氮比
奶牛粪	31.8	1.33	24.0
黄牛粪	38.6	1.78	21.7
羊 粪	16.0	0.55	29.1
猪 粪	25.0	2.00	12.6
鸡 粪	30.0	3.00	10.0
马 粪	12.2	0.58	21.1

表6-3　常用堆肥辅料碳氮比列表（干）

成分	碳/%	氮/%	碳氮比
杂木屑	49.2	0.10	491.8
水稻秸秆	35.70	0.64	55.80
水稻壳	36.9	0.57	64.74
麦秸	46.5	0.48	96.9
玉米秸	49.21	0.46	107.00
玉米芯	49.45	0.47	105.20
花生秧	45.52	0.84	50.62
花生壳	44.22	1.47	30.08
大豆秸秆	44.27	0.59	75.03
棉花秸秆	55.65	0.50	111.30
棉籽壳	56.0	2.03	27.6
辣椒秸秆	43.33	0.62	69.89
红薯藤	48.39	0.54	89.61
野草	46.7	1.55	30.1
蘑菇菌棒	42.7	1.38	31.0
杏鲍菇菇渣	45.00	1.68	26.79
木薯渣	51.94	0.56	92.75
甘蔗渣	53.1	0.63	84.2
阿维菌素药渣	41.5	3.64	11.4

引自何培新（2001），邓良伟（2004），秦改娟（2016），谷思玉（2015），王淑培（2015）。

以木薯渣与粪水混合堆肥为例：假设木薯渣含水量20%，粪水含氮量为0.8%（按粪水中不含固形物和有机碳计算），堆肥混合料的含水量按照55%计算，则100 kg木薯渣需要与77.78 kg粪水混合；假设堆肥混合料的碳氮比为25∶1，则需添加的尿素量为1.29 kg。

为提高发酵温度、缩短发酵周期，堆肥混合物料可添加市售的有机肥发酵菌剂（表6-4）。

表6-4 复合菌剂成分与用法

名称	含量	形态	成分	用法与用量
菌剂1	100亿个/mL	液体	芽孢杆菌、放线菌、酵母菌、木霉菌等	每吨发酵物料添加0.5 kg菌剂，均匀喷洒
菌剂2	200亿个/mL	液体	芽孢杆菌、放线菌、酵母菌、木霉菌等	每吨发酵物料添加1～3 kg菌剂，均匀喷洒
菌剂3	200亿个/g	粉末	芽孢杆菌、乳酸菌群、曲霉菌、放线菌等	每吨发酵物料添加2 kg菌剂，将发酵菌剂、红糖、水按比例1∶0.2∶100稀释，培菌12～24 h后与发酵物料混匀
菌剂4	200亿个/g	粉末	细菌、丝状真菌、酵母菌等	每吨发酵物料添加1 kg菌剂，菌剂与稻糠或玉米面混匀后掺入发酵物料
菌剂5	200亿个/g	粉末	乳酸菌、芽孢杆菌、酵母菌、丝状真菌等	每吨发酵物料添加1 kg菌剂，菌剂与淀粉、麦麸或玉米面混匀后掺入发酵物料
菌剂6	300亿个/g	粉末	芽孢杆菌、放线菌、丝状真菌、酵母菌等	每吨发酵物料添加1 kg菌剂，菌剂与麸皮、稻糠或玉米面混匀后掺入发酵物料

2. 一次发酵 主要是降低粪便中的挥发性物质，减少臭气，杀灭寄生虫卵和病原微生物，达到无害化的目的，同时使物料分解和矿化释放氮、磷、钾等养分，实现绝大部分物料的腐熟，使堆体变得疏松、分散。一次发酵周期为15～20 d，该阶段堆肥温度可升至55 ℃以上，物料含水率可降至45%左右。一次发酵主要工艺控制参数为堆肥物料的温度、水分和氧气含量。

3. 二次发酵 经过一次发酵的物料尚未达到腐熟，需要进行二次发酵，也称陈化或后腐熟。其目的是使物料中未降解的大分子有机物进一步分解、稳定，并满足后续产品的需要。陈化过程中堆料的温度逐渐下降并趋于稳定时，堆肥即达到成熟。陈化周期为15～30 d，也可根据产品需求灵活掌握，含水率降至35%左右。二次发酵主要工艺控制参数为堆肥物料的温度和水分。

4. 后处理　堆肥要作为产品使用还应根据用途和市场需要进行后处理，包括粉碎、筛分、配料和包装等。可在堆肥产品基础上添加理化调理剂、微生物菌剂等不同用途的产品，包括栽培基质、土壤改良剂、商品有机肥等，提高堆肥产品的肥效和商品性，进而提高综合收益。

(三) 物料平衡

1. 物料平衡计算原理　好氧堆肥过程中，随着温度的升高和微生物的分解作用，堆体中的部分水分被蒸发，部分有机质被分解为 CO_2、NH_3 和 H_2S 等挥发性气体，发酵完成后堆体实现了减量化。为估算堆肥结束时产品质量，须对堆肥进行物料平衡计算，计算原理如下：

堆肥产品质量＝堆体混合料质量－水分挥发量－有机质分解量

物料平衡计算过程中，水分挥发和有机质分解参数如表 6－5 所示。

表 6－5　物料平衡计算参数

(单位：%)

一次发酵后含水量	一次发酵期间有机质分解率	陈化后含水率	陈化期间有机质分解率
45	20	35	10

2. 物料平衡案例分析　以养殖规模为 2 000 头的奶牛场为例进行分析，设计日处理鲜牛粪 44 t（含水率 80% 计），需要添加辅料 22.4 t（含水率 20.7% 计），混合物料共 66.4 t（含水率 60%）；高温好氧发酵分解有机物及水分蒸发 27.76 t（含水率 45%），发酵完成后产出腐熟料产品 29.43 t（含水率 35%）（图 6－2）。

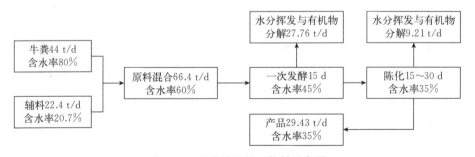

图 6－2　牛粪堆肥处理物料平衡图

辅料量计算依据：在已知原料、辅料含水率的前提下，通过将混合物料的含水率调至 60%，计算辅料的添加量。

计算方法：已知原料量为 44 t/d，含水率 80%，辅料含水率为 20.7%，

设辅料添加量为 X t/d，则：$44 \times 80\% + X \cdot 20.7\% = (44 + X) \times 60\%$，可得 $X = 22.4$ t/d。新疆棉区辅料可利用机采棉脱除的杂质，主要包括棉叶、棉绒、细棉秆、破碎棉桃等。这为牛粪提供了碳源，稀释了其水分，同时合理利用了农产品废弃物，变废为宝。

二、好氧堆肥发酵工艺类型

（一）堆肥规模估算

根据第一次全国污染普查畜禽养殖业产排污系数，不同养殖类型和养殖阶段和不同区域奶牛产污系数均不相同，可根据奶牛养殖粪便量产污系数、养殖规模对应粪便产生量、堆肥规模对应养殖数量等估算堆肥规模（表6-6～表6-8）。

表6-6　不同地区奶牛养殖每日粪便量产污系数

（单位：kg/头）

阶段	华北	东北	华东	中南	西南	西北
育成牛	14.83	15.67	15.09	16.61	15.09	10.50
产奶牛	32.86	33.47	31.60	33.01	31.60	19.26

注：资料来源于《第一次全国污染普查畜禽养殖业产排污系数手册》。

表6-7　自繁自养奶牛场粪便产生量

养殖量/头	500	1 000	2 000	5 000	10 000
粪便产生量/(t/d)	11	23	45	112	225

表6-8　不同地区堆肥规模对应养殖数量估算

堆肥规模/(t/d)	华北		东北		华东		中南		西南		西北	
	育成牛养殖量/头	产奶牛养殖量/头	育成牛养殖量/头	产奶牛养殖量/头	育成牛养殖量/头	产奶牛养殖量/头	育成牛养殖量/头	产奶牛养殖量/头	育成牛养殖量/头	产奶牛养殖量/头	育成牛养殖量/头	产奶牛养殖量/头
1 t/d	67	30	64	30	66	32	60	30	66	32	95	52
2 t/d	135	61	128	60	133	63	120	61	133	63	190	104
5 t/d	337	152	319	149	331	158	301	151	331	158	476	260
10 t/d	674	304	638	299	663	316	602	303	663	316	952	519
50 t/d	3 372	1 522	3 191	1 494	3 313	1 582	3 010	1 515	3 313	1 582	4 762	2 596
100 t/d	6 743	3 043	6 382	2 988	6 627	3 165	6 020	3 029	6 627	3 165	9 524	5 192

（二）好氧堆肥发酵工艺类型

目前常用的好氧堆肥工艺类型主要有条垛式堆肥、静态曝气堆肥、槽式堆肥和反应器堆肥。

1. 条垛式堆肥工艺 条垛式堆肥是一种典型的开放式堆肥，其特征是将混合好的原料排成条垛，并通过机械周期性地翻抛进行发酵。翻堆频率为每周3～5次，整个发酵过程需要40～60 d。条垛式堆肥工艺的主要优点是工艺简单、操作简便、投资少，主要缺点是处理时间长、占地面积大、产品质量不稳定（图6-3、图6-4）。

图6-3 条垛式堆肥（少雨地区室外）　　图6-4 条垛式堆肥（多雨地区室内）

2. 静态曝气堆肥工艺 静态曝气堆肥工艺一般采用露天或仓式强制通风垛，可在垛底设穿孔通风管，用鼓风机在堆垛后的20 d内多次强制通风，此后静置堆放。整个发酵过程需要40～60 d。静态曝气堆肥工艺的主要优点是操作简单、成本低，主要缺点是处理时间长、占地面积大、易受天气的影响（图6-5、图6-6）。

图6-5 静态曝气堆肥　　　　图6-6 智能控制-分子膜覆盖静态曝气堆肥

3. 槽式堆肥工艺 槽式堆肥一般在长而窄的被称作"槽"的通道内进行。槽壁上方铺设有轨道，在轨道上安装翻堆机，可定期对物料进行搅拌、破碎和混匀。抛堆机分为链板式翻堆机、立螺旋式翻堆机、滚筒式翻堆机和转子桨叶式抛翻机等。发酵周期为40~50 d。槽式堆肥工艺的主要优点是处理量大、发酵周期较短、机械化程度高、可精确控制温度和含氧量、产品质量稳定，主要缺点是设备较多、操作较复杂、投资较多（图6-7、图6-8）。

图6-7 槽式堆肥（少雨地区露天） 图6-8 槽式堆肥（多雨地区棚下）

4. 反应器堆肥工艺 反应器堆肥指将有机废弃物置于集进出料、曝气、搅拌和除臭为一体的密闭式反应器内进行好氧发酵的一种堆肥工艺。反应器堆肥工艺主要用于中小规模养殖场有机固体废弃物的就地处理。发酵周期为7~12 d。该工艺的主要优点是发酵周期短、占地面积小、无须添加辅料、保温节能效果好、自动化程度高、密闭系统臭气易控制，主要缺点是处理量小、投资多、大型养殖场需要布置较多设备（图6-9、图6-10）。

图6-9 卧式智能堆肥反应器 图6-10 立式智能堆肥反应器

(三) 好氧堆肥发酵工艺选择

以上几种堆肥工艺都有各自的优缺点，养殖场可根据自己的原料、场地、生产规模、当地气候、环保政策、投资、产品出路等因素来选择最切合自身需要的堆肥工艺。

表 6-9　常见堆肥工艺的特点对比

项目	条垛式堆肥	槽式堆肥	反应器堆肥
设备情况	设备少	设备较多，操作较复杂	设备一体化，单体处理量小
运行情况	运行简便	机械化程度高	自动化程度高
辅料情况	需要添加辅料	需要添加辅料	无须或少添加辅料
发酵可控性	不易控制堆体温度和含氧量	可以控制温度和含氧量	可以控制温度和含氧量
环境影响情况	易受气候和周边环境影响	不受气候影响	保温节能，不受气候影响
臭气控制情况	不易控制臭气	易收集控制臭气	易控制臭气
发酵周期情况	发酵周期长	发酵周期较短	发酵周期短
占地面积情况	占地面积大	占地面积较大	占地面积小
投资情况	投资少	投资多	投资多

通常条垛式堆肥适用于土地相对充裕、远离居民区、固定投资少的西北或东北等地区的中小型养殖场，槽式堆肥适用于土地面积较小、环保要求较高、固定投资高的大中型养殖场，反应器堆肥适用于土地面积小、环保要求高、立足就地处理的中小型养殖场。

三、条垛式堆肥工艺技术要点

条垛式堆肥工艺一般是用铲车将经过预处理的畜禽粪便及辅料进行混合，然后在发酵区堆制成长条形的堆或条垛，再用铲车或条垛翻堆机进行翻堆搅拌曝气，完成好氧发酵过程。经过 20～30 d 的一次发酵后，堆体体积减小；通过铲车将条垛整合，进行二次发酵，待温度逐渐降低并稳定后，产品即可完全腐熟。总堆肥周期为 40～60 d。

(一) 设施面积及建设要求

条垛式堆肥所需场地应包括：辅料贮存区、原料混合区、条垛发酵区和成品暂存区等单元。辅料贮存区应满足 10～30 d 的使用量，条垛宽度和高度根据所购置的翻堆设备的规格确定，条垛长度可根据场地情况灵活掌握，条垛间应预留 0.5～1 m 的间隔距离，发酵区周围预留 3～6 m 宽的铲车运输道路。厂区内应设置污水收集槽和贮存池，避免渗滤液排放（表 6-10）。

表 6-10　不同规模条垛堆肥设施建设建议

养殖量/头	处理量/(t/d)	场地面积/m²	建设要求
50	1	500～1 000	地面硬化，阳光板，考虑渗滤液排水
500	10	3 000～5 000	地面硬化，彩钢结构，考虑渗滤液排水
2 500	50	7 000～12 000	地面硬化，彩钢结构，考虑渗滤液排水

（二）设备选择及配置

不同堆肥处理量条件下可选择的条垛设备及配置可参考表 6-11。

表 6-11　不同堆肥处理量条件下可选择的条垛设备及配置

项目	处理量为 1 t/d	处理量为 10 t/d	处理量为 50 t/d
粉碎设备	粉碎机处理能力为 1 t/h	粉碎机处理能力为 4 t/h	粉碎机处理能力为 4 t/h
运输设备	铲车（0.8 m³）	铲车（1.7 m³）	铲车（3.0 m³）
翻堆设备	铲车（0.8 m³）	铲车（1.7 m³）或条垛翻堆机	铲车（3.0 m³）或条垛翻堆机
翻堆机（条垛）宽/m	1.8	2.3	3.1
翻堆机（条垛）高/m	0.8	1	1.4
条垛总长/m	80	500	1 300
推荐条垛数	4	8	15

（三）过程控制

条垛式堆肥发酵工艺控制包括：原料预处理、一次发酵和二次发酵（陈化）3 个阶段，具体控制参数见表 6-12。

表 6-12　条垛式堆肥工艺过程控制参数

工艺阶段	工艺名称	工艺控制参数
原料预处理	畜禽粪便	结构疏松不结冰、不结块，含水率 50%～80%
	辅料	粒度 0.1～2 cm，含水率<30%
	混合物料	含水率 55%～65%；C/N 为（20～40）∶1；pH 5.5～9.0

（续）

工艺阶段	工艺名称	工艺控制参数
一次发酵	发酵周期	20～30 d
	翻堆	1 d/次
	发酵温度	55 ℃以上
	持续时间	≥15 d
	产品	含水率≤50%；温度≤40 ℃；无蝇无虫卵
二次发酵	发酵周期	20～30 d
	翻堆	2 d/次
	成品	含水率≤45%；温度≤35 ℃；无臭味

四、槽式堆肥工艺技术要点

槽式堆肥目前在各类规模化养殖场中被广泛应用，根据粪污处理量不同和翻堆机设备选型，可选择单槽或多槽。

（一）设施面积及建设要求

根据工艺单元设立独立车间，各车间地面水泥硬化，避免露天生产。主要生产车间包括原料（混料）车间、一次发酵车间、二次发酵（陈化）车间、加工车间、成品库房。配套辅助车间包括配电间、维修间、中控室、办公间等。厂区须规划 6 m 宽环路、消防通道、排水管网。各车间保证通风，原料和一次发酵车间建议全封闭并配置除臭设施。生产区与办公生活区应分开，原料（混料）车间、发酵车间、陈化车间等生产车间应位于厂区下风向（表 6-13）。

表 6-13 不同规模槽式堆肥设施各单元面积

养殖量/头	处理量/（t/d）	原辅料车间/m²	发酵车间/m²	陈化车间/m²	加工车间/m²	成品车间/m²
250	5	100～200	300～400	150～200	200	150～200
2 500	50	400～600	1 200～1 500	600～800	1 000	800～1 000
5 000	100	800～1 200	2 400～3 000	1 200～1 500	1 500	1 500～2 000

1. 原料（混料）车间　原料（混料）车间主要用于原料预处理，根据生产需求，贮存部分原料和辅料。对于连续生产的企业建议做到原料当日进槽，以减少臭气产生和防止库存积压。

2. 一次发酵车间 一次发酵车间包括进料区、发酵区、出料区。发酵车间总面积一般为发酵区总面积的 1.4~1.7 倍。发酵车间厂房高度根据车间内最高设备确定。

发酵槽设计：根据粪便处理量和翻堆机型号确定尺寸，一般槽宽 2~10 m，槽高 1~2 m。

发酵区总体积＝混合物料体积×发酵周期

发酵区总面积＝发酵区总体积/发酵槽高度

发酵槽长度＝物料移动距离×发酵周期

单个发酵槽体积＝发酵槽长度×发酵槽宽度×发酵槽高度

发酵槽数量＝发酵区总体积/单个发酵槽体积

3. 二次发酵车间 二次发酵（陈化）车间可采用槽式，亦可采用仓式，陈化车间面积一般为发酵车间面积的 0.5~0.7 倍。陈化物料为发酵物料的 0.5~0.7 倍。陈化槽设计与发酵槽类似，以下对陈化仓进行说明。

陈化仓设计：仓体高度一般为 2~3 m，物料堆高一般低于 2.5 m。陈化仓的长度和宽度根据车间尺寸灵活调整。

陈化仓总体积＝陈化物料体积×陈化周期

单个陈化仓体积＝陈化仓长度×陈化仓宽度×陈化仓高度

陈化仓数量＝陈化仓总体积/单个陈化仓体积

4. 加工车间 加工车间应根据生产需求设计，年产 5 万 t 以下粉状有机肥生产线的车间面积为 300~500 m²，需配料造粒的有机肥生产线的车间面积为 1 500~2 000 m²。在筛分、烘干、冷却等粉尘产生单元处应设置相应的除尘设施。

5. 成品库房 成品库房大小根据有机肥产品的产量和存放周期确定。设计时一般按照堆积容量 2 t/m²、容积率 0.6~0.7 来计算库房面积。

成品堆放面积＝有机肥日产量×存放天数/堆积容量

成品库房总面积＝成品堆放面积/容积率

（二）设备选择及配置

与发酵物料接触部分槽式堆肥设备，建议采用不锈钢等耐腐蚀材质，并使防护等级符合国家相关标准（表 6-14）。

表 6-14 不同粪便量槽式堆肥设施设备配置

工艺单元	工艺参数	5 t/d 处理量	50 t/d 处理量	100 t/d 处理量
原料车间	混料方式	铲车	铲车或混料机	铲车或混料机

（续）

工艺单元	工艺参数	5 t/d 处理量	50 t/d 处理量	100 t/d 处理量力
一次 发酵车间	进料方式	铲车	铲车或自动进料	自动布料
	出料方式	铲车	铲车或自动出料	自动出料
	供氧方式	鼓风机	鼓风机	鼓风机
二次车间	陈化模式	陈化仓	陈化仓或陈化槽	陈化仓或陈化槽
	供氧方式	铲车翻倒	鼓风机	鼓风机
加工车间	产品模式	粉状肥料	粉状肥料	粉/粒状肥料
主体设备		翻堆机、鼓风机、铲车	翻堆机、鼓风机、混料设备*、自动进出料设备*、曝气中控设备*、铲车	翻堆机、鼓风机、混料设备*、自动进出料设备*、曝气中控设备*、铲车

* 表示对自动化程度要求更高的项目可选。

1. 预处理设备 对原料进行预处理有 2 种混料方式：一种是用铲车将原辅料按堆肥配比堆置在车间硬化地面上，再经过 3～5 次翻倒进行混合；另一种是通过投料仓、混料机和皮带输送机等机械设备的组合，完成原辅料的配比和混合搅拌。

投料仓：容积一般为 5～20 m³，仓体配置破拱装置，底部配置变频螺旋出料输送设备，可调节各物料添加比例。

混料机：该设备能将粪便与干辅料混合为粒径均匀的颗粒物料。一般带单轴或双轴桨叶，处理量为 40～50 m³/h。

2. 自动进出料设备 物料进、出发酵槽可采用 2 种方式：一种是用铲车进行进料，发酵完成后用铲车将物料从槽中运出；另一种是采用自动化机械设备，包括进料设备和出料设备，由不同皮带输送机及移动架组合，物料由混料机输送至发酵槽并自动进行布料，一次发酵完成后再输送至后续工艺单元。

成套化的自动进出料设备适合应用于大中型好氧发酵工程，宜与自动化控制系统相结合，以保证工艺运行的稳定性。输送设备应具有防粘功能，易耗部件应易于拆卸和更换。建议选择行走速度为 0～0.8 m/s、输送量为 40～50 m³/h 的输送设备，以便与混料设备处理量匹配。

3. 翻堆设备 翻堆机的主要功能是将发酵物料上下混合、破碎并横向移动，使得发酵槽内堆体结构均匀、疏松透气，翻堆过程能加速水蒸气散发。翻堆机工作参数建议选择 250～500 m³/h，翻堆深度为 1.5～2.0 m，行走速度为 1～1.5 m/min。根据物料的运动形式，可将翻堆机分为立螺旋（蛟龙）式翻堆机、转子桨叶式翻堆机、链板式翻堆机和滚筒式翻堆机等（表 6 - 15、图 6 - 11～

图 6-14)。从综合性能对比来说，链板式翻堆机综合性能较好，但一般情况下价格相对较高。

同时，多槽发酵还应配备移行车，其功能主要为翻堆机换槽，部分机型兼顾出料功能，移行车的行走速率建议控制在 1.0～4.0 m/min。

表 6-15　槽式堆肥中 4 种典型翻堆机性能评价

评价参数	立螺旋式翻堆机	转子桨叶式翻堆机	链板式翻堆机	滚筒式翻堆机
物料接触结构	单螺旋、多螺杆	搅拌桨叶	链板、带刀片	滚筒
堆肥工艺	批量	批量/连续	连续	批量/连续
曝气效果	差	好	好	中等
去水效果	差	好	好	中等
破碎能力	差	好	中等	中等
能耗	小	中等	小	大

（引自 M Ford，2002）

图 6-11　立螺旋式翻堆机

图 6-12　转子桨叶式翻堆机

图 6-13　链板式翻堆机

图 6-14　滚筒式翻堆机

4. 供氧设备　目前应用最多的供氧设备包括罗茨风机、高压涡轮风机、中低压离心风机等（表 6-16）。根据风压和风量要求，风机的配置可选择单槽单台或多槽分段多台，通常配置电动蝶阀或电磁阀及相应电控箱，控制模式可选择现场控制，亦可与中控室 PLC 连接后远程操控。静态曝气供氧设备主要有罗茨风机、高压涡轮风机及中低压离心风机，建议选用高压涡轮风机。

表 6-16　不同类型风机性能对比

项目	罗茨风机	高压涡轮风机	中低压离心风机
风压/kPa	9.8～196	100～200	<100
噪声	大	中	小
设备价格	高	中	低
运行费用	高	较高	低
适用范围	物料阻力大，通透性差	各类物料	物料疏散（陈化物料）

（三）过程控制

槽式堆肥工艺包括一次发酵和二次发酵（陈化），工艺参数主要包括：周期、翻堆次数、供氧、温度、后期温度、后期含水率、卫生要求、臭气浓度。具体见表 6-17。

表 6-17　发酵工艺参数

项目	一次发酵工艺参数	二次发酵工艺参数
周期	发酵周期 15～20 d	陈化周期 15～20 d
翻堆次数	1～2 次/d	2～3 次/d
供氧	氧气浓度≥5%	根据发酵情况调整
温度	发酵温度 55 ℃以上高温期 7 d	陈化温度≤50 ℃
后期温度	发酵后温度≤40 ℃	陈化后温度≤35 ℃
后期含水率	发酵后含水率≤50%	陈化后含水率≤45%
卫生要求	无蝇虫卵	无臭味
臭气浓度	恶臭污染物排放标准	恶臭污染物排放标准

1. 温度调节　温度是反应发酵效果的重要指标。温度能直接影响微生物降解有机物的速度，是影响微生物活动和发酵工艺过程的重要因素。槽式堆肥

一般堆积发酵 1～3 d 后，温度就可升至 50～60 ℃，同时采取曝气、搅拌等措施将温度控制在 55 ℃以上，维持 7～15 d，即可起到杀死病原菌、寄生虫卵和杂草种子等作用，然后腐殖质开始形成，发酵达到初步腐熟。

2. 发酵时间控制　发酵时间一般与原料种类、辅料添加比例及堆料前处理方法等因素密切相关，这是因为其中易分解有机物的种类和含除量有所不同。槽式发酵工艺中，一次发酵一般需要 15～20 d 发酵期，二次发酵（陈化）一般需要 15～20 d 发酵期。

3. 翻堆控制　翻堆是通过翻倒、搅拌等方式使堆料、水分、温度和氧气等达到均一化，翻堆还可以起到供给空气、混合物料、散发水蒸气的作用。槽式发酵工艺中通常将翻堆与供氧配合使用，每日翻堆 1～2 次。

4. 供氧控制　一次发酵过程须保证发酵堆体中始终均匀有氧。好氧堆肥的通风供氧方式主要有自然扩散、翻堆、被动通风及强制通风。一次发酵堆体氧气浓度应为 5%以上，风机和阀门可由 PLC 程序控制，定时定量供氧，亦可根据发酵情况调节。

5. 臭气控制　槽式发酵过程中应对发酵车间内的臭气进行控制，控制措施包括源头控制、工艺过程控制和末端控制。源头控制指通过对原料车间进行密闭、及时对原料进行混料并输送至发酵车间等措施来减少臭气排放；工艺过程控制指通过调节原料配比、合理曝气和搅拌，使堆体处于好氧状态，从而减少臭气的产生；末端控制指通过集中收集臭气并将其输送至除臭设施进行末端处理。臭气处理应达到《恶臭污染物排放标准》（GB 14554—93）中的二级标准。

五、反应器堆肥工艺技术要点

（一）反应器堆肥的概念和种类

反应器堆肥是一种在堆肥反应器内进行有机固体废弃物好氧发酵处理的堆肥工艺。堆肥反应器设备必须具有改善和促进微生物新陈代谢的功能，在发酵过程中要运行翻堆、搅拌、混合、曝气、协助通风等设施来控制堆体的温度和含水率，同时在反应器堆肥中还要解决物料移动、出料的问题，最终达到提高发酵速率、缩短发酵周期、实现自动化生产的目的。常见的堆肥反应器有以下几种。

1. 筒仓式堆肥反应器　筒仓式堆肥反应器堆肥系统是一种从顶部进料，从底部卸出堆肥的筒仓，每天都由一台旋转桨或轴在筒仓的上部混合堆肥原料，从底部取出堆肥。通风系统使空气从筒仓的底部通过堆料，在筒仓的上部收集并输送到除臭系统处理废气。

2. 滚筒式堆肥反应器　滚筒式堆肥反应器是一个使用水平滚筒来混合、通风以及输出物料的堆肥系统。滚筒架在大的支座上，并且通过一个机械传动装置来翻动。由滚筒的出料端提供通气，原料在滚筒中翻动时与空气混合在一起。在滚筒的入口处添加新的堆料，气流温度最高时，堆肥过程开始。

(二) 设施面积及建设要求

1. 设施面积　反应器堆肥设施区域包括原料暂存区、反应器设备区和产品贮存区，其中反应器设备区为主要占地区、原料暂存区和产品贮存区，可根据养殖场需求进行选择。各区所需占地面积可参考表 6-18。

表 6-18　反应器堆肥各区所需占地面积

养殖量/头	处理量/(t/d)	反应器设备区面积/m²	原料暂存区面积/m²	产品贮存区面积/m²
100	2	50	90	300
250	5	60	90	600

2. 建设要求　反应器堆肥设施区不需要建设厂房，只需将反应器设备安装区地面硬化即可。

(三) 设备选择及配置

反应器堆肥设备选择及配置可参考表 6-19。

表 6-19　反应器堆肥设备选择

设备及配置		2 t/d 处理量	5 t/d 处理量
筒仓式反应器	容积/m³	50~60	80~90
	附属设施	铲车/小推车、除臭塔	铲车/小推车、除臭塔
滚筒式反应器	容积/m³	80~90	160~170
	附属设施	铲车/物料输送机、除臭塔	铲车/物料输送机、除臭塔

筒仓式反应器自带进料仓，可选择铲车或小推车作为原料和产品的输送设备，实现进出料功能。滚筒式反应器可选择铲车或物料输送机作为原料和产品的输送设备，实现进出料功能。

（四）过程控制

反应器堆肥工艺参数具体可参考表 6-20。

表 6-20　反应器堆肥工艺参数

项目	参数	项目	参数
发酵周期	7～12 d	发酵温度	60 ℃以上高温期≥5 d
翻堆	1～2 次/d	供氧	氧气浓度≥5%
发酵后含水率	≤40%	发酵后温度	≤40 ℃
卫生要求	无蝇虫卵	—	—

1. 原料控制　反应器堆肥原料可以单独用奶牛粪便，或用奶牛粪便和秸秆类辅料的混合物。原料控制包括原料成分控制和原料水分控制。

原料成分应为可降解的有机固体废弃物，不得含有石块、玻璃、铁质类等杂质和有毒有害物质。

原料水分控制原则如下：原料水分含量为 50%～80% 时，可直接进料；原料水分含量大于 80% 时，应适当脱水或加入部分腐熟返料后再进料；原料水分含量小于 50% 时，加入部分水，将水分含量调至 55% 以上再进料。

2. 温度控制　反应器堆肥过程中，堆体温度应达到 60 ℃以上，保持 5 d。堆体温度大于 75 ℃时，应增加曝气。

3. 曝气与搅拌控制　曝气是维持堆体处于好氧状态的重要措施，堆体内部氧气含量应大于 5%。反应器堆肥过程中一般采取间歇曝气方式，如风机开 30 min 停 30 min、开 60 min 停 30 min、开 90 min 停 30 min、开 120 min 停 30 min，实际运行中可根据堆体内部含氧量和堆体温度调整曝气量。

搅拌是调节物料结构、促进堆体均匀发酵的必要环节。反应器堆肥过程中一般采取间歇搅拌方式，如开 30 min 停 30 min、开 60 min 停 60 min、开 120 min 停 120 min，实际运行中可根据堆体温度和出料情况调整搅拌频率。

4. 水分控制　反应器堆肥过程中，水分控制是一项重要工作。一般要求出料含水率低于 35%。如出料含水率高于 40%，可通过增加搅拌频率和曝气时间来促进水分去除。

六、好氧堆肥发酵有机肥腐熟度

（一）未腐熟有机肥使用风险

1. 产热　未发酵的生粪施入农田后容易再次腐熟发酵，发酵产生的热量易引起植株烧苗，甚至导致绝产绝收，对农业生产造成严重的不良影响。

2. 产生毒气 生粪在腐熟分解的过程中会产生大量的有毒有害气体（如甲烷、氨等），能导致土壤内部及作物本身产生酸害，对作物根系造成伤害。

3. 耗氧 腐熟不完全或未腐熟的粪肥施入土壤中，大量有机物质分解需要消耗土壤氧气，如此就易造成植物缺氧，不利于作物正常的生长发育。

4. 携带病原菌 未腐熟的有机肥料中有大量的病原菌及害虫，不加处理施入农田会引起植物病虫害，提高作物发病率，不利于农业生产。

5. 携带草籽 未腐熟的有机肥料中可能存在有大量未灭活的草籽，这一现象特别在牛羊有机肥中更为常见，若施入农田，则会导致农田内杂草疯长，进而影响作物生长。

6. 重金属、抗生素及激素污染 施用未腐熟有机肥还存在重金属、抗生素及激素等污染的风险。

（二）好氧堆肥发酵有机肥腐熟度检查

腐熟度即腐熟的程度，指堆肥中有机物经过矿化、腐殖化过程后达到稳定的程度。

1. 感官检查 畜禽粪经过充分发酵腐熟后，由粪便（生粪）转变为有机肥（熟粪）。腐熟度感官判定方法：（1）外观蓬松，发酵后物料颗粒变细变小变均匀，呈现疏松的团粒结构，手感松软，不再有黏性；（2）无恶臭，略带肥沃土壤的泥腥味和发酵香味；（3）不再吸引蚊蝇；（4）颜色变黑，产品最终变为暗棕色或深褐色；（5）温度自然降低；（6）由于适合真菌的生长，堆肥中常出现白色或灰白色菌丝；（7）水分降到30%以下，堆肥体积减小 1/3～1/2。

2. 种子发芽指数测定 堆肥过程中，产生的代谢产物有机酸等对植物生长有抑制作用，可以通过种子发芽指数（GI）来反应。随着堆肥腐熟，粪便中毒性物质减少，施用后种子发芽率随之提高。因此，种子发芽率可以用来判定堆肥的腐熟度。种子发芽指数≥70%为合格。

$$GI = \frac{\text{堆肥浸提液的种子发芽率×种子平均根长}}{\text{对照（蒸馏水）的种子发芽率×种子平均根长}} \times 100\%$$

七、有机肥产品标准与工艺流程

（一）有机肥产品标准

堆肥产品标准符合《有机肥料》（NY/T 525—2021）的要求。具体见表 6-21

和表 6－22。

表 6－21　堆肥产品技术指标

项目	指标
有机质的质量分数（以烘干基计）/％	≥30
总养分（N＋P$_2$O$_5$＋K$_2$O）的质量分数（以烘干基计）/％	≥4.0
水分（鲜样）的质量分数/％	≤30
酸碱度（pH）	5.5～8.5
种子发芽率指数（GI）/％	≥70
机械杂质的质量分数/％	≤0.5
粪大肠菌群数/（个/g）	≤100
蛔虫卵死亡率/％	95

表 6－22　堆肥产品重金属限量指标

（单位：mg/kg）

项目（烘干基）	指标
总砷（As）	≤15
总汞（Hg）	≤2
总铅（Pb）	≤50
总镉（Cd）	≤3
总铬（Cr）	≤150

（二）有机肥生产工艺流程

有机肥生产工艺流程如图 6－15 所示。

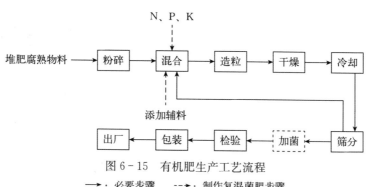

图 6－15　有机肥生产工艺流程

──→：必要步骤　　--→：制作复混菌肥步骤

堆肥产品应使用覆膜编织袋或塑料编织袋衬聚乙烯内袋进行包装。每袋净含量可为（1 000±10）kg、（40±0.4）kg、（25±0.25）kg、散装。堆肥产品包装袋上应注明原料组成、原料比例、有机质含量、总养分含量、水分含量、企业名称、厂址等信息。

堆肥产品应贮存于干燥、通风处，在运输过程中应防潮、防晒、防破裂。

第七章

氧化塘处理技术

一、氧化塘概念

氧化塘是利用塘水中自然发育的微生物（好氧、兼性及厌氧），在其自身代谢作用下氧化分解水中的有机物的一种较为简单的生物处理构筑物。水中的氧由塘中生长的藻类的光合作用及塘面与大气相接触的复氧作用提供。

氧化塘是一种天然的或经过一定人工修建的有机污水处理池塘，又称稳定塘。早在 3 000 多年前，人们就采用池塘处理污水。世界上第一个有记录的氧化塘是 1901 年在美国得克萨斯州圣安东尼奥市修建的。从 20 世纪 40～50 年代开始，受全球能源危机的影响，国际上对这一能耗较低、运行稳定的氧化塘技术给予了足够的重视，并在实践中大范围推广。目前，全世界已有 40 多个国家和地区在使用氧化塘，而且各地气候条件相差很大。从赤道到寒冷地带，从北半球的瑞典、加拿大到南半球的新西兰，都有使用氧化塘的记录。我国也于 20 世纪 50 年代就开始了氧化塘技术的应用研究。

污水进入塘内，先受到塘水的稀释，污染物扩散到塘水中，污水中污染物的浓度得以降低，污染物中的部分悬浮物逐渐沉淀至塘底，成为污泥，这也使污水中污染物浓度降低。随后，污水中溶解的和胶体性的有机物质在塘内大量繁殖的菌类、藻类、水生动物、水生植物的作用下逐渐分解，大分子物质转化为小分子物质，并被吸收进微生物体内，其中一部分被氧化分解，同时释放出相应的能量，另一部分被微生物利用，合成新的有机体。

二、氧化塘分类

按照占优势的微生物种属总量和相应的生化反应的不同，氧化塘可分为好氧塘、兼性塘、厌氧塘和曝气塘 4 种类型（表 7-1）。

表7-1　各类氧化塘的主要特征参数

名称	好氧塘	兼性塘	厌氧塘	曝气塘
水深/m	0.3~0.5	1.0~2.5	2.5~4.0	3.0~4.0
水力停留时间/d	3~5	5~30	20~50	3~10
有机负荷率 $gBOD_5/(m^3 \cdot d)$	10~20	15~40	30~100	1~32
BOD_5 去除率/%	80~95	70~90	50~80	75~85
BOD_5 降解形式	好氧	好氧	厌氧	好氧
污泥分解形式	无	厌氧	厌氧	厌氧或好氧
光合作用	有	有	无	无

(一) 好氧塘

好氧塘是一种主要靠塘内藻类的光合作用供氧的氧化塘。它的水深较浅，一般为 0.3~0.5 m，阳光能直接射透到塘底，加上塘面风力搅动进行大气复氧，藻类生长旺盛，全部塘水都呈耗氧状态。塘中的好氧微生物再把塘中的有机物转化成无机物，从而使废水得到净化。

(二) 兼性塘

兼性塘的水深一般为 1.0~2.5 m，塘内好氧和厌氧生化反应兼有。在上部水层中，白天藻类光合作用旺盛，塘内维持好氧状态，夜晚藻类停止光合作用，大气复氧低于塘内好氧，塘内溶解氧接近于零。在塘底沉淀的固体和藻类、菌类残体形成了污泥层，由于缺氧而进行厌氧发酵，故称此处为厌氧层，在好氧层和厌氧层之间存在着一个兼性层。

(三) 厌氧塘

厌氧塘的水深一般在 2.5~4.0 m。当用塘来处理浓度高的有机污水时，塘内一般不可能有氧存在。厌氧塘一般只能作预处理，常置于氧化塘系统的首端，以承担较高的污染负荷。厌氧塘的特点是：无须供氧；能处理高浓度的有机废水；污泥生长量较少；净化速度慢，废水停留时间长达 30~50 d；会产生恶臭；处理不能达到最终要求，一般只能做预处理。

(四) 曝气塘

曝气塘一般水深在 3.0~4.0 m，有的可达 5 m，塘内采用人工曝气供氧，一般可以采用水面叶轮曝气或鼓气供氧。曝气塘可分为完全混合曝气塘和部分混合曝气塘。曝气塘的有机负荷去除率较高，BOD_5去除率在70%以上，占地面积少，但是需要消耗能源，运行费用高，且出水悬浮物较高。

三、氧化塘优缺点

1. 氧化塘的优点 在条件合适时（如有可利用的旧河道、河滩、沼泽、山谷及无农业利用价值的荒地等），氧化塘系统的基建投资少；氧化塘的运行管理简单，耗能少，运行管理费用约为传统人工处理厂的1/5～1/3；可利用氧化塘可进行综合利用，如养殖水生动物，形成多级食物链的复合生态系统。如使用得当，会产生明显的经济、环境和社会效益。

2. 氧化塘的缺点 占地面积过多；处理效果受气候影响较大，如越冬问题，春、秋清淤问题；如设计或运行不当，可能形成二次污染，如污染地下水、产生臭气等。各类型氧化塘优缺点比较及适用条件如表7-2所示。

表7-2 各种氧化塘的比较

	好氧塘	兼性塘	厌氧塘	曝气塘
优点	1. 基建投资和运转维护费用低；2. 管理方便；3. 处理程度高	1. 基建投资和运转维护费最低；2. 管理方便；3. 处理程度高；4. 耐冲击负荷较强	1. 占地省（因池深大）；2. 耐冲击负荷强；3. 所需动力少；4. 贮存污泥的容积较大；5. 作为预处理设施时，可大大减少后续兼性塘和好氧塘的容积	1. 体积小，占地省；2. 无臭味；3. 处理程度高；4. 耐冲击负荷强
缺点	1. 池容大，占地多；2. 可能有臭味；3. 需要对出水中的藻类进行补充处理	1. 池容大、占地多；2. 可能有臭味；3. 夏季运转时经常出现漂浮污泥层；4. 出水水质有波动	1. 对温度要求高；2. 臭味大	1. 运转维护费用高；2. 出水中含固体物质高；3. 塘面易产生泡沫
适用条件	1. 适于去除营养物；2. 处理溶解性有机物；3. 处理二级处理后的出水	1. 适于处理城市污水与工业污水；2. 是处理小城镇污水最常采用的处理系统	适用于处理高温、高浓度污水	适于处理城市污水与工业污水

四、氧化塘控制因素

(一) 光

透过塘表面的光照度和光谱构成对塘内微生物的活性有很大的影响。可利用的光的多少极大地决定了光合活性的高低，从而决定了塘内氧的产量。一般来说，光合活性随光照度的增强而增加，直到光照度达到生物光合系统的光饱和为止。

可利用的光的光谱对光合活性也是极其重要的。光合生物利用光能的能力取决于它们吸收有效波长的光能力，这是由生物体内专门的光合色素决定的。主要的光合色素有叶绿素和藻胆汁色素。

光透过塘表面所能达到的深度与水中溶解的物质、颗粒性物质及水吸收特性有关。光合作用仅仅在塘的上层有效，这个纯光合活性层被称为透光区。

太阳辐射光强度随白天时间和纬度高低不同。在寒冷地区，冰雪覆盖使光透过大幅度减少。

(二) 温度

温度影响藻类、细菌和其他水生物优势种属的演替。太阳辐射是主要热源，沿塘深会产生温度梯度。塘底的厌氧细菌的最适温度为 $15 \sim 65\ ℃$，处于低温时，其活性降低。

非曝气塘在一年内的某些季节，水温呈垂直分层。其结构是温度随深度下降而下降，密度反而随深度下降而增加。夏季上层水热，密度下降，发生分层现象。秋季温度下降，分层现象减轻，塘水在风力作用下混合，称为秋季翻塘。温度降至 $4\ ℃$ 以下，水密度下降，冬季分层发生，当冰雪融化和水温上升，出现春季翻塘。翻塘时，塘底的厌气物质会带到塘表面而散发浓烈的臭味，随着风向飘逸。

(三) 原料

养料是微生物生长所必需的。为了确保塘内生物降解、代谢活动顺利进行，必须保证供应所需的养料。最适宜的配比为 $BOD_5：N：P：K = 100：5：1：1$。

(四) 有害物质

废水中有许多能抑制藻类、好氧微生物和厌氧微生物代谢和生长的有害物质。为了保证氧化塘正常运行，必须在这些废水进塘之前加强预处理，控制有害物质的含量，使之对微生物的正常代谢和生长的影响降到最低。

适宜采用氧化塘的条件：一是土地，二是气候。当地的气候应当适于氧化塘的运行。要先考虑气温，气温高有利于于塘中的生物生长和代谢，使污染物质的去除率高，从而可减少占地面积，降低投资成本；然后应考虑日照及风力等气候条件，兼性塘和好氧塘均需要光能以供给藻类进行光合作用。

五、氧化塘设计建筑

（一）设计原则

因氧化塘占地多，当地须有可供氧化塘使用的土地，最好是地价较便宜、无农业利用价值的荒地，或废旧河道、低洼地、沼泽、贫瘠地、荒漠等。如果地势有落差，则应充分利用。为了防止翻塘季节受臭气影响，应选择常年主导风下风向的位置。

养殖场应靠近粪污吸纳大田或者果园，或靠近干渠的上游；应该建在地势较高的位置，建在地面以上；要建 2 个或者以上的池体，不能只建 1 个；表面可以不覆膜，以充分利用本地区蒸发量大于降水量的优势来浓缩液体；近距离还田适宜用管网运输，远距离还田适宜用罐车运输。

（二）建筑设计

1. 贮污池容量的设计　奶牛场污水排放量与饲养规模、清粪工艺、气候条件等多种因素有关，因此不同地区奶牛场所需贮污池的容积也不相同。按照《畜禽养殖业污染防治技术规范》（HJ/T 81—2001）与《畜禽养殖污水贮存设施设计要求》（GB/T 26624—2011）的相关规定，贮污池污水存贮体积 V（m^3）可以按照以下计算公式进行设计：

$$V = L_w + R + P$$

式中　V——污水存贮体积，m^3；

L_w——养殖污水体积，m^3；

R——降水体积，m^3；

P——预留体积，m^3。

养殖污水体积 L_w（m^3）计算公式为：

$$L_w = N \times Q \times D$$

式中　L_w——养殖污水体积，m^3；

N——动物的数量，百头；

Q——畜禽养殖业每天最高允许排水量［奶牛场的单位为 m^3/（百

头·d)]，m^3/d；

D——污水存贮时间，d。

降水体积 R（m^3）计算公式为：

$$R = H_{降雨} \times S_{池底}$$

式中　R——降水体积，m^3；

　　$H_{降雨}$——一个存贮周期内降水量，m；

　　$S_{池}$——贮污池的池底面积，m^2。

预留体积 P（m^3）计算公式为：

$$P = H_{预留高度} \times S_{池底}$$

式中　P——预留体积，m^3；

　$H_{预留高度}$——贮污池的预留高度，m；

　　$S_{池底}$——贮污池的池底面积，m^2。

降水体积按 25 年来该设施每天能够收集的最大雨水量与平均降水持续时间进行计算。预留高度为 0.9 m，预留体积按照设施的实际长和宽以及预留高度进行计算。

2. 塘体材质选择　一是采用混凝土结构；二是 HDPE 土工膜全膜结构。

高密度聚乙烯土工膜，简称 HDPC 土工膜或黑膜，参照《土工合成材料聚乙烯土工膜》（GB/T 17643—2011）的标准生产（表7-3、表7-4）。根据覆膜的形式可将快速厌氧发酵反应器分为全膜与顶部覆膜 2 类。全膜指整个反应器包括底部均采用黑膜作防渗处理，而顶部覆膜则采用其他工程手段对反应器进行防渗处理。

表7-3　推流式反应器光面高密度聚乙烯土工膜用量

容积/m^3	全膜/m^2	顶部覆膜/m^2	备注
500	1 100	220	地下深度按 5 m 计算
1 000	2 200	440	地下深度按 5 m 计算
2 000	4 400	1 100	地下深度按 5 m 计算
5 000	11 000	2 200	地下深度按 8 m 计算
10 000	22 000	4 400	地下深度按 8 m 计算

表7-4　光面高密度聚乙烯土工膜国家标准

项目	厚度 2.0 mm	厚度 3.0 mm
拉伸屈服强度/(N/mm)	≥29	≥44
拉伸断裂强度/(N/mm)	≥53	≥80
屈服伸长率/%	≥12	≥12

（续）

项目	厚度 2.0 mm	厚度 3.0 mm
断裂伸长率/%	≥700	≥700
直角撕裂强度/N	≥250	≥370
抗穿刺强度/N	≥640	≥960
尺寸稳定性/%	±2.0	±2.0
炭黑含量/%	2.8	3.3
承受压力/kg	±3	±4
抗紫外线/%	≥50	≥50

六、奶牛场氧化塘存贮计算

（一）奶牛场污水排放系数的确定

在综合考虑新疆气候条件、作物生长周期、污水使用习惯等诸多因素的情况下，以百头奶牛为 1 个试验单位，采用《畜禽养殖业污染物排放标准》（GB 18956—2001）中废水最高允许排放量作为奶牛场污水排放系数的基础数据（表 7-5）。

表 7-5　集约化奶牛养殖场不同清粪工艺最高允许排水量

［单位：m³/（百头·d）］

工艺	春季	夏季	秋季	冬季	平均值
水冲粪	25	30	25	20	25
干清粪	18.5	20	18.5	17	18.5

注：废水最高允许排放量的单位中，百头指存栏数；春、秋季废水最高允许排放量按冬、夏两季的平均值计算。

由于清粪工艺、季节污水排放系数存在不同，为了便于计算，取 4 个季节污水排放系数的平均值作为本研究中奶牛污水排放系数。

（二）污水存贮周期的确定

目前国外发达国家对于畜禽养殖场污水的贮存时间各不相同，存贮周期一般为 4~10 月。新疆地区属于温带大陆性气候（其中北疆属中温带，南疆属暖温带），其特点是气温温差较大，并且大部分地区春夏和秋冬之交日温差极大；日照时间充足；但是降水量少，气候干燥。

一般情况下，新疆地区大多数农作物从播种到成熟需要历经 4～6 月，农作物在其生长期间需要进行大量灌溉和施肥。同时，为便于奶牛场养殖废水的有效运转和使用，建议新疆地区设计贮污池时以 6 个月作为污水的存贮周期为宜。

（三）降水和蒸发量的确定

新疆的气候特征是干旱，表现为光热丰富、降水稀少。干旱气候形成的原因是新疆远离海洋和高山环绕。来自海洋的水分在长途输送过程中逐渐减少，到达新疆上空时又被高山阻挡，如此，不但水分减少，而且形成降水分布的地区差异。新疆的降水主要来自大西洋的盛行西风气流，然后来自北冰洋的冷湿气流，太平洋和印度洋的季风很难进入新疆。全疆平均年降水量仅 145 mm，为中国平均年降水量（630 mm）的 23%，在全球同纬度各地中，新疆几乎是年降水量最少的。其降水分布规律是：北疆多于南疆，西部多于东部，山地多于平原，盆地边缘多于盆地中心，迎风坡多于背风坡。

新疆地区蒸发量数据采用了不同城市各季节蒸发量多年平均值（表7-6）。

表7-6 新疆地区蒸发量多年平均值

（单位：mm）

地区	春季（3—5月）	夏季（6—8月）	秋季（9—11月）	冬季（12月至翌年2月）
北疆平均	423.4	719.8	242.3	28.2
南疆平均	887	1 212	496	124

新疆地区降水量数据采用了不同城市各季节降水量多年平均值（表7-7）。

表7-7 新疆地区降水量多年平均值

（单位：mm）

地区	春季（3—5月）	夏季（6—8月）	秋季（9—11月）	冬季（12月至翌年2月）
北疆平均	42.	69.6	72.2	68.9
南疆平均	7	12.8	34.4	12.2

存贮期间贮污池区域的降水和水面蒸发现象是影响污水总贮存量的重要因素。南北疆的年均降水量小于年均蒸发量，且降水量均小于其水面蒸发量，由此可以算出各季节的降水净增量为负值，故在存贮期间会存在污水蒸发的情况，因此，需要根据计划的存贮周期、贮存期内的平均降水量及贮污池表面水

分的蒸发量来计算降水净增量，进而确定贮污池的总容量。

（四）贮污池池深的确定

贮污池池深需要根据当地的地下水位和地表水实际情况进行设计。《畜禽养殖污水贮存设施设计要求》（GB/T 26624—2011）中规定，贮污池的池底面应高于地下水位 0.6 m 以上，建设高度或深度不超过 6 m。在满足生产需要以及相关规定的基础上，养殖场可以根据需要来设计池深。可用 6 m 池深为设计参数来进行设计。

北疆地区与南疆地区分别按干清粪与水冲粪工艺排放污水情况进行设计，贮污池主要设计参数见表 7-8、表 7-9。

表 7-8　新疆北疆地区不同清粪工艺主要设计参数

工艺	季节	存贮周期/d	污水排放量/m³	池深/m	池底面积/m²	池容积/m³
干清粪	春、夏	180	3 300	6.0	474.63	2 847.78
	夏、秋	180	3 300	6.0	488.00	2 928.00
	秋、冬	180	3 300	6.0	543.10	3 258.60
	冬、春	180	3 300	6.0	526.59	3 159.54
水冲粪	春、夏	180	4 500	6.0	647.22	3 883.32
	夏、秋	180	4 500	6.0	665.45	3 992.70
	秋、冬	180	4 500	6.0	740.59	4 443.54
	冬、春	180	4 500	6.0	718.08	4 308.48

表 7-9　新疆南疆地区不同清粪工艺主要设计参数

工艺	季节	存贮周期/d	污水排放量/m³	池深/m	池底面积/m²	池容积/m³
干清粪	春、夏	180	3 300	6.0	409.45	2 456.70
	夏、秋	180	3 300	6.0	432.49	2 594.94
	秋、冬	180	3 300	6.0	504.26	3 025.56
	冬、春	180	3 300	6.0	473.22	2 839.32
水冲粪	春、夏	180	4 500	6.0	558.35	3 350.10
	夏、秋	180	4 500	6.0	589.75	3 538.50
	秋、冬	180	4 500	6.0	687.62	4 125.72
	冬、春	180	4 500	6.0	645.30	3 871.80

南北疆采用干清粪工艺和水冲粪工艺，通过对每个存贮周期内（2个季度和2个季度之间）池底面积大小进行对比分析可以看出，每2个季度之间所需贮污池池底面积大小关系均为（秋、冬）＞（冬、春）＞（夏、秋）＞（春、夏）。综合考虑新疆不同地区的施肥习惯和施肥时间，为保证全年各季度污水存贮的安全性，确保不会因为降水现象而造成贮污池存贮容积不足，确保存贮过程中不会出现污水外溢现象，为满足各季度的污水贮存需要量，本研究按最大污水贮存容积即最大池容积最大池底面积作为两种不同清粪模式的设计容积。初步设计参数如下：北疆地区贮污池池底面积大小为 543.10 m³（干清粪）和 740.59 m³（水冲粪）；南疆地区贮污池池底面积大小为 504.26 m³（干清粪）和 687.62 m³（水冲粪）。可将此作为贮污池池底面积的设计参数，然后进一步验证。

（五）贮污池主要设计参数的安全性验证

南疆与北疆各城市的降水集中在秋季（9—11月），约占全年降水总量的 28.57% 与 51.81%，因此，只要保证秋季的养殖污水存贮体积在设计的贮污池容积范围内，即可认为设计的参数是可行的。对于秋季（9—11月）的养殖污水存贮体积，北疆分别为 2 178 m³（干清粪工艺）和 2 970 m³（水冲粪工艺），南疆分别为 2 121.2 m³（干清粪工艺）和 2 892.5 m³（水冲粪工艺），通过秋冬季节的贮污池容积比较可以看出，夏季的养殖污水存贮体积均在设计的贮污池的安全存贮容积范围内。另外据历史统计气象信息，新疆 24 h 最强暴雨降水量最大值约为 110 mm，贮污池完全可抵住该强度降水对池容积的冲击。

表 7-10 为新疆地区百头规模奶牛场可存贮 6 个月污水排放总量的贮污池容积的主要设计参数。

表 7-10　贮污池容积主要设计参数

地区	工艺	存贮周期/月	存贮天数/d	池深/m	池底面积/m²	池容积/m³
北疆	干清粪	6	180	6	543.10	3 258.60
	水冲粪	6	180	6	740.59	4 443.54
南疆	干清粪	6	180	6	504.26	3 025.56
	水冲粪	6	180	6	687.62	4 125.72

建议新疆地区规模化奶牛场贮污池污水的存贮周期应以 6 个月为宜。当新疆地区规模化奶牛场污水日排放系数在《畜禽养殖业污染物排放标准》（GB 18596—2001）允许的最高排水量范围之内时，北疆采用干清粪和水冲粪工艺

的规模化奶牛场可存贮 100 头奶牛 6 个月污水排放总量所需贮污池容积分别为 3 258.60 m³ 和 4 443.54 m³，南疆分别为 3 025.56 m³ 和 4 125.72 m³。

近年来，氧化塘处理工艺越来越受到人们的重视，针对传统氧化塘中存在的缺陷，人们不断对氧化塘进行改良，发明了许多新型塘，其中包括高效藻类塘、水生植物塘和养殖塘、高效复合厌氧塘、超深厌氧塘、生物滤塘等塘型。为了提高污水的处理效率，还开发了许多组合塘的工艺，如与传统生物法组合的 UNITANK 工艺＋生物氧化塘、水解酸化＋氧化塘工艺和折流式曝气生物滤池＋氧化塘工艺等，各类塘型组合的多级串联塘系统、生态综合塘系统、高级综合塘系统（AIPS）等。

第八章

厌氧发酵处理技术

一、厌氧处理技术发展及优缺点

（一）厌氧发酵的概念

厌氧发酵又称厌氧消化，是一种普遍存在于自然界的微生物过程，是在供氧条件不足或有机物含量过多时，利用厌氧微生物把有机物转化为无机物和少量的细胞物质，其中无机物主要包括大量的沼气（约 2/3 的甲烷、1/3 的二氧化碳，及少量的硫化氢）和水。

奶牛场牛粪尿含水量较大，流动性一般较好，属于含水量较高的有机污染物质。应优先考虑将厌氧生物处理技术作为去除有机物的主要手段。高浓度有机废水（物）若仅通过厌氧生物处理工艺，往往达不到排放标准，仍需要后续采用好氧生物处理工艺。因此，对于高浓度有机废水（物）须采用以厌氧生物处理工艺为主、好氧生物处理工艺为辅的技术路线，即先厌氧发酵（沼气化处理），再好氧发酵处理。有机污染治理的最佳技术是采用生物处理技术，它比化学和物化处理技术效果好而且处理费用低。采用厌氧生物处理技术处理废水（物）比采用好氧生物处理技术处理更具优越性，是高效低耗地消除环境有机污染的新路径。

（二）厌氧处理技术发展阶段

厌氧处理技术的典型特征是处理能力大、易于调控、效率高、成本低等。20 世纪 70 年代，环境工程界提出，高效厌氧生物处理工艺的技术关键如下：①在反应器中维持高浓度生物量，使活性污泥停留时间与废水停留时间分离，具体的措施包括加入填料形成生物膜、培育颗粒污泥等；②反应器中生物与废水充分接触，这需要设计合理的布水系统，利用较高的液体上升流速，或利用在处理高浓度有机废水时产生的沼气。

20 世纪 70 年代起，国际上出现了第二代厌氧生物处理工艺，它们的基本特征如下：①具有相当高的有机负荷和水力负荷，其反应器容积比传统工艺的反应器容积减少 90% 以上；②在不利条件（低温、冲击负荷、存在抑制物）下仍具有高稳定性；③反应器投资小，适合各种规模，可被结合在整体的处理技术中；④处理低浓度废水的效率已具备与好氧处理竞争的能力；⑤可以作为能源净生产过程。

第二代厌氧生物处理工艺已经在世界各地得到了成功应用。其中，应用最为广泛的当属升流式厌氧污泥床（upflow anaerobic sludge blanket，UASB），其应用率达到了工业化厌氧反应器的 65%。就微生物主体而言，第二代厌氧处理工艺可以分为以下 5 种生物技术：①颗粒化活性污泥处理技术；②固定化酶和固定化微生物处理技术；③特定微生物选育与强化处理技术；④光合细菌处理技术；⑤生物膜处理技术。近年来，生物膜反应器以其独特的优势受到广大研究者和工程设计者的关注，学界上涌现出大量新型的单一式或复合式生物膜反应器，如复合式活性污泥生物膜反应器、序批式生物膜反应器、升流式厌氧污泥床-厌氧生物滤池等。厌氧生物膜反应器不仅适用于城市生活污水和低浓度有机废水的处理，更适用于进水 BOD 浓度高达 15 000 mg/L 的废水的处理。

20 世纪 80 年代的研究和实践发现，以 UASB 为代表的第二代厌氧生物处理工艺存在一些缺点。如在结构方面，其高径比小，因而占地面积大；UASB增加截面积的放大方式难以在大规模反应器中实现均匀布水；UASB 的三相分离器的稳定操作较为困难。在操作方面，UASB 的启动时间较长，液体上升流速小，液固混合较差（特别是在低温、低浓度条件下）；负荷较高时，污泥易流失，易造成有毒难降解化合物、非活性物质的吸附和积累。因此，在 20 世纪 90 年代，国际上出现了第三代厌氧生物处理工艺，包括厌氧膨胀颗粒污泥床（EGSB）、厌氧内循环（IC）反应器、升流式厌氧污泥床过滤器（UBF）等。第三代厌氧生物处理工艺均是在 UASB 基础上发展起来的，其共同特点包括如下几点：①微生物均以颗粒污泥固定化方式存在于反应器中，反应器单位容积的生物量更高；②能承受更高的水力负荷，并具有较高的有机污染物净化效能；③具有较大的高径比，一般在 5～10，甚至 10 以上；④占地面积小，动力消耗少。特别要指出的是，第三代厌氧反应器在低温条件下处理低浓度有机废水与 UASB 相比有明显的优势。

（三）厌氧处理技术的优越性和缺点

1. 厌氧处理技术的优越性

（1）节省动力消耗。由于在厌氧生物处理过程中，细菌分解有机物是无氧呼吸，故不必给系统提供氧气。而好氧微生物降解有机物是有氧呼吸，该过程需要氧气。理论上完全氧化 1 kg BOD 必须提供 1 kg 分子氧。好氧生物处理通常利用空气进行充氧。空气中的氧通过曝气设备把空气充到水中，先是空气中的氧转移到水中，然后水中的氧再进入好氧微生物体参与代谢。由于存在气膜液膜阻力，氧的传递效率不是很高，一般的曝气设备，充 1 kg 氧到水中约需消耗 0.5～1.0 kW·h 电力。即要完全氧化废水中 1 kg BOD，约需消耗 0.5～1 kW·h 电力。

（2）可以产生沼气。污泥消化和有机废水（物）的厌氧发酵能产生大量沼气。而沼气的热值很高，可作为能源利用。按有机物厌氧消化转化为沼气的理论计算，以葡萄糖厌氧发酵产沼气为例，假定不考虑厌氧微生物的细胞合成所需的有机物，其生化反应方程式如下：

$$C_6H_{12}O_6 \xrightarrow{\text{厌氧微生物}} 3CH_4 + 3CO_2$$

（分子量：　180　　　　　　48　　132　）

根据公式，1 kg $C_6H_{12}O_6$ 被完全分解为 CH_4 和 CO_2 可产生 0.267 kg CH_4 和 0.733 kg CO_2（相当于 16.67 mol CO_2），在标准状况下（0 ℃，101.33 kPa），可产生沼气（22.4×16.67×2＝746.8 L）约 0.75 m³。采用上述计算方法，可以计算出各种有机物的甲烷、二氧化碳和沼气的产量（表 8-1）。

表 8-1　几种有机物完全消化的 CH₄ 和 CO₂ 及沼气产量

有机物种类	成分（质量分数）/%		每千克有机物产气量/m³	
	CH₄	CO₂	沼气	CH₄
糖类	27	73	0.75	0.375
脂类	48	52	1.44	1.04
蛋白质	27	73	0.98	0.49

注：气体体积以在标准状况下（0 ℃，101.33 kPa）计算为标准。

由表 8-1 可知，糖类厌氧发酵时，沼气产量较低，沼气中甲烷含量也较低，脂类产气量较高，沼气中甲烷含量也较高。表 8-1 中所列数据为理论值，由于温度、压力等不同，沼气产量会有所不同。

（3）处理的污泥产量少。厌氧微生物的世代期长，如产甲烷菌的倍增时间为4～6 d。所以厌氧产率系数比好氧小。有机物在好氧降解时，如碳水化合物，其中约有 2/3 被合成细胞，约有 1/3 被氧化分解提供能量。厌氧降解时，只有少量有机物被同化为细胞，而大部分被转化为 CH_4 和 CO_2。所以好氧处理产泥量高，相较之下厌氧处理产泥量低，且污泥已稳定，可降低污泥处理费用。

（4）对氨和磷的需要量较低。氮和磷等营养物质是组成细胞的重要元素。采用生物法处理废水，如废水中缺少氮、磷元素，必须投加氮和磷以满足细菌合成细胞的需要。对于缺乏氮和磷的有机废水，采用厌氧生物处理可大大节省氮和磷的投加量，减少运行费用。

（5）对某些能降解的有机物有较好的降解能力。近年来，经研究发现，厌氧微生物具有某种脱毒和降解有害有机物的功效，而且还具有某些好氧微生物不具有的功能。应用厌氧处理工艺作为前处理可以使一些好氧处理难以处理的难降解有机物得到部分降解，并使大分子降解成小分子，能提高废水的可生化性，使后续的好氧处理变得比较容易。所以，实际处理中常常使用厌氧-好氧串联工艺来处理难降解的有机废水。在实践中处理奶牛场牛粪尿的工艺里，使用厌氧-好氧串联工艺也取得了令人满意的效果。

2. 厌氧处理技术的缺点

（1）不能去除废水中的氮和磷。采用厌氧生物处理废水，一般不能去除废水中氮和磷等营养物质。虽然厌氧法在去除 COD 和 BOD 方面具有高效低耗的优点，但不能去除氮和磷，因此该法存在局限性。当被处理的废水含有过量的氮和磷时，不能单独采用厌氧法，而应采用厌氧与好氧工艺相结合的处理工艺。

（2）启动过程较长。因为厌氧微生物的世代期长，增长速率低，污泥增长缓慢，所以厌氧反应器的启动过程很长，一般启动期长达 3～6 个月，甚至更长。如要快速启动，必须得增加接种污泥量。如此一来会增加启动费用，这在经济上是不合理的。

（3）运行管理较为复杂。由于厌氧微生物的种群较多，如产酸菌与产甲烷菌性质各不相同，且互相密切相关，要保持这两大类种群的平衡，必须对运行管理更加严格。稍有不慎，就有可能使两种群失去平衡，使反应器不能正常工作。如进水负荷突然提高，反应器的 pH 会下降，如不及时发现控制，反应器就会出现酸化现象，使产甲烷菌受到严重抑制，甚至使反应器不能再正常运行，必须重新启动。

（4）卫生条件较差。一般废水中均含有硫酸盐，厌氧条件下会产生硫酸盐还原作用而放出硫化氢等气体。硫化氢是一种有毒且具有恶臭的气体，如果反应器不能做到完全密闭，就会散发出臭气，引起二次污染。因此，厌氧处理系统的各处理构筑物应尽可能做成密封，以防臭气散发。

（5）去除有机物不彻底。厌氧处理后废水中有机物的去除往往不够彻底，一般单独采用厌氧生物处理不能达到排放标准，所以厌氧处理必须要与好氧处理相配合。

（四）有机物厌氧生物降解

1. 微生物降解转化有机物的巨大潜力　微生物虽然个体微小，但是其表面积巨大，功能多样，具有降解转化成有机物的巨大潜力。

（1）微生物作用。微生物种类繁多，分布广泛，代谢类型多样；微生物个体微小，比表面积大，代谢速率快；微生物繁殖快，易变异，适应性强；微生物能合成各种降解酶，酶具有专一性，又有诱导性，微生物通过其灵活的代谢调控机制能降解转化环境中的污染物。

（2）微生物体内调控系统——质粒。质粒是菌体内一种小环状的 DNA 分子，是染色体以外的遗传物质。降解性质粒能编码生物降解过程中的一些关键酶类，抗药性质粒能使宿主细胞对抗生素和有毒化学品如农药和重金属等具有选择优势的基因，因而具有极其重要的意义。质粒能转移获得质粒的细胞同时使细胞获得质粒所具有的性状。

（3）共代谢作用。微生物在可用作碳源和能源的基质上生长时，会伴随着一种非生长基质的不完全转化。研究表明，微生物的共代谢作用对于难降解污染物的彻底分解起着重要的作用。例如，甲烷氧化菌产生的单加氧酶是一种非特异性酶，可以通过共代谢作用降解多种污染物，其中包括对人体健康有严重威胁的三氯乙烯（TCE）和多氯联苯（PCBs）等。

2. 有机物厌氧生物降解的基本过程　厌氧处理过程中，多种微生物共同作用，将大分子有机物最终转化为甲烷、二氧化碳、水、硫化氢和氨等。在此过程中，不同微生物的代谢过程相互影响、相互制约，形成复杂的生态系统。复杂有机物的厌氧降解过程可以分为 4 个典型阶段。

（1）水解阶段。水解是复杂的非溶解性聚合物被转化为简单的溶解性单体或二聚体的过程。高分子有机物因相对分子质量巨大，不能透过细胞膜，因此不可能为细菌直接利用。它们能在细菌胞外酶的水解作用下转变为小分子物质。

水解过程通常较缓慢，是含高分子有机物或悬浮物废液厌氧降解的限速阶段。影响水解速度与水解程度的因素很多，例如：水解温度、有机质在反应器内的保留时间、有机质的组成（如木质素、碳水化合物、蛋白质与脂肪等）、有机质颗粒的大小、pH、氨的浓度、水解产物（如挥发性脂肪酸）的浓度等。

（2）发酵阶段（酸化阶段）。发酵可以被定义为有机化合物既作为电子受体也是电子供体的生物降解过程。在此过程中，水解阶段产生的小分子化合物在发酵细菌的细胞内转化为更为简单的以挥发性脂肪酸为主的末端产物，并分泌到细胞外。因此，这一过程也称为酸化阶段。这一阶段的末端产物主要有挥发性脂肪酸、醇类、乳酸、二氧化碳、氢气、氨、硫化氢等。与此同时，发酵细菌也利用部分物质合成新的细胞物质，因此对未酸化废水（物）进行厌氧处理时产生更多的剩余污泥。

发酵过程是由大量的、不同种类的发酵细菌共同完成的。其中，拟杆菌属和梭状芽孢杆菌属是两大重要的类群。梭状芽孢杆菌是厌氧的、产芽孢的细菌，因此它们能在恶劣的环境条件下存活。拟杆菌大量存在于有机物丰富的地方，它们分解糖、氨基酸和有机酸。

（3）产乙酸阶段。发酵阶段的末端产物（挥发性脂肪酸、醇类、乳酸等）在此阶段进一步转化为乙酸、氢气、碳酸以及新的细胞物质。较高级的脂肪酸遵循氧化机理进行生物降解。在其降解过程发酵酸化阶段的末端产物在产乙酸阶段被产氢产乙酸菌转化为乙酸、氢气和二氧化碳。

（4）产甲烷阶段。这一阶段，产甲烷细菌通过以下 2 个途径之一，将乙酸、氢气、碳酸、甲酸和甲醇等转化为甲烷、二氧化碳和新的细胞物质。一是在二氧化碳存在时利用氢气生成甲烷；二是利用乙酸生产甲烷。利用乙酸的产甲烷菌有索氏甲烷丝菌和巴氏甲烷八叠球菌，两者的生长速率差别较大。在一般的厌氧反应器中，约 70% 的甲烷由乙酸分解而来，30% 由氢气还原二氧化碳而来。

利用乙酸：　　　　　　　　$CH_3COOH \rightarrow CH_4 + CO_2$

利用 H_2 和 CO_2：　　　$H_2 + CO_2 \rightarrow CH_4 + H_2O$

在厌氧反应器中，甲烷产量的 70% 是由乙酸歧化菌产生的。在反应中，乙酸中的羧基从乙酸分子中分离，甲基最终转化为甲烷，羧基转化为二氧化碳，在中性溶液中，二氧化碳以碳酸氢盐的形式存在。

值得一提的是，上述 4 个阶段是瞬时连续发生的。而且此过程中还包含着以下过程：①水解阶段包含蛋白质水解、碳水化合物的水解和脂类水解；②发酵酸化阶段包含氨基酸和糖类的厌氧氧化、较高级的脂肪酸与醇类的厌氧氧化；③产乙酸阶段包含从中间产物中形成乙酸和氢气和由氢气和二氧化碳形成乙酸；④甲烷化阶段包括由乙酸形成甲烷和从氢气和二氧化碳形成甲烷。此外，有些文献中，将水解、酸化、产乙酸阶段合并统称为酸性发酵阶段，将产甲烷阶段称为甲烷发酵阶段。

3. 影响有机物厌氧发酵处理的关键因素

（1）温度。厌氧生物降解过程与所有的化学反应和生物化学反应一样，受到温度和温度波动的影响。在厌氧反应器中，厌氧微生物通过不停地进行代谢活动以产生维持自身种群发展所需的能量，同时也产生维持厌氧环境所需的能量。厌氧微生物的温度适应范围比好氧微生物宽得多，但是就某一具体的厌氧微生物而言，其温度适应范围仍然是较窄的。厌氧微生物可分为嗜冷微生物、嗜温微生物和嗜热微生物，各类厌氧微生物的温度范围见表8-2。以这3类微生物为优势种群的厌氧处理工艺分别称为低温厌氧、中温厌氧和高温厌氧。

表8-2　各类厌氧微生物的温度范围

（单位：℃）

细菌种类	生长的温度范围	最适温度
低温菌	10~30	10~20
中温菌	30~45	35~38
高温菌	45~60	51~53

当厌氧反应器运行在低温区、中温区和高温区时，不是3种情况都能达到同样的代谢速率。在低温厌氧反应器中，只是因为这个区域的温度适合于嗜冷微生物，相比之下，即使嗜冷微生物处在其最适的生长温度，它的代谢速率也会低于中温厌氧反应器。在大多数厌氧反应中，基本都符合温度每增加10℃反应速率增加1倍的规律。微生物对生长温度有特定需求是其固有的特性，一般不能通过驯化的方式使菌种适应。菌种对温度的要求，对于一个反应器来说，其操作温度以稳定为宜，波动范围一般每天不宜超过±2℃。而中温或高温厌氧消化允许的温度变动范围为±（1.5~2.0）℃。当有±3℃的变化时，消化速率就会被抑制，有±5℃的急剧变化时，就会突然停止产气，有机酸大量积累而破坏厌氧消化。随着各种新型厌氧反应器的开发，温度对厌氧消化的影响由于生物量的增加而变得不再显著，因此处理废水的厌氧消化反应常在常温条件（20~25℃）下进行，以节省能量的消耗和运行费用。

（2）pH。环境pH的变化可以引起细胞膜电荷的改变，从而影响微生物对营养物质的吸收，影响代谢过程中酶的活性；改变营养物质的可给性和有害物质的毒性。介质的 pH 不仅影响微生物的生长，甚至影响微生物的形态。

微生物对 pH 有一个适应范围，并且对 pH 的波动十分敏感。一般而言，微生物对 pH 变化的适应要比其对温度变化的适应慢得多。产酸菌自身对环境 pH 的变化有一定的影响，而产酸菌对环境 pH 的适应范围相对较宽，一些产酸菌可以在 pH 5.5～8.5 范围内生长良好，有时甚至可以在 pH 5.0 以下的环境中生长。产甲烷菌的最适 pH 随甲烷菌种类的不同略有差异，适宜范围大致是 6.6～7.5。pH 的变化将直接影响产甲烷菌的生存与活动，一般来说，反应器的 pH 应维持在 6.5～7.8，最佳范围为 6.8～7.2。

（3）氧化还原电位（严格的厌氧环境）。研究表明，产酸发酵细菌氧化还原电位可以为 $-400\sim100$ mV，培养产甲烷菌的初期，氧化还原电位不能高于 -320 mV。而严格的厌氧环境是产甲烷菌进行正常活动的基本条件，可以用氧化还原电位表示厌氧反应器中含氧浓度。

（4）基质的营养比例（碳氮比适宜）。为了满足厌氧发酵微生物的营养要求，需要一定的营养物质，在实践中主要是控制进入厌氧反应器原料的碳、氮、磷的比例。一般来说，处理含天然有机物的废水时不用调节，在处理化工废水时特别要注意使进料中的碳、氮、磷应保持一定的比例。

碳氮比（C/N）指有机物中总碳的含量与总氮的含量的比值，它是衡量原料分解及微生物活动的一个指标，对微生物而言，碳氮比以（25～30）∶1 为宜。牛粪与马粪的碳氮比为（24～25）∶1，羊粪的碳氮比为 29∶1，猪粪的碳氮比为 13∶1，鸡粪的为 16∶1，鲜人粪的为 3∶1。

（5）基质微生物比（COD/VSS）（适度的发酵浓度）。与好氧生物处理相似，厌氧生物处理过程中的基质微生物比对其进程影响很大，在实际应用中常以有机负荷（COD/VSS）表示，单位为 kg/(kg·d)。

在有机负荷、处理程度和产气量 3 者之间，存在着平衡关系。一般来说，较高的有机负荷可获得较大的产气量，但处理程度会降低。由于厌氧消化过程中产酸阶段的反应速率比产甲烷阶段的反应速率高得多，必须十分谨慎地选择有机负荷，使挥发酸的生成及消耗不致失调，形成挥发酸的积累。为保持系统的平衡，有机负荷的绝对值不宜太高。

（6）质优量足的菌种。厌氧发酵的前提条件是要接种入含有大量沼气微生物（不产甲烷菌和产甲烷菌），或者说含量丰富的菌种，如同发面需要酵母、酿酒需要酒曲一样。人们采集接种物的来源很多，如沼气池的沼渣与沼液，湖泊、沼泽、池塘底部、污水处理厂的活性污泥，屠宰场、酿造厂的污水等。给新建的厌氧发酵池加入沼气菌种，其目的是快速启动发酵，并不断富集繁殖菌种，以保证厌氧发酵产生沼气。奶牛场牛粪尿发酵池启动时，一般加入接种物的量为总投料量的 10%～30%。

（7）毒性物质。与其他生物系统一样，厌氧处理系统也应当避免有毒物质进入。一些含有特殊基团或者活性键的化合物对某些未经驯化的微生物常常是有毒的，但这些有毒的有机化合物本身也是可以被厌氧生物降解的，如三氯甲烷、三氯乙烯等。微生物对各种基质的适应能力是有一定限度的，若一些化学物质超过一定浓度，就会对厌氧发酵产生抑制作用，甚至完全破坏厌氧过程。

（8）适当的搅拌。厌氧发酵池的搅拌通常分为机械搅拌、气体搅拌和液体搅拌 3 种方式。机械搅拌是通过机械装置运转以达到搅拌目的；气体搅拌是将沼气从池底部冲进去，产生较强的气体回流，以达到搅拌的目的；液体搅拌是从厌氧发酵池的出料间将发酵液抽出，然后从进料管冲入厌氧发酵池内，产生较强的液体回流，以达到搅拌的目的。实践证明，适当的搅拌方式和强度可以使发酵原料分布均匀，增强微生物与原料的接触，使微生物获取营养物质的机会增加，使微生物活性增强，生长繁殖旺盛，从而提高产气量。搅拌又可以打碎结壳，从而提高原料的利用率及能量转换效率，并有利于气泡的释放。采用搅拌后，平均产气量可提高 30%以上。

二、沼气发酵工艺类型

（一）沼气发酵的类型

对于奶牛场牛粪尿的处理，一般采用厌氧发酵制沼气的方法，即沼气发酵。沼气发酵不仅能去除污染物，还能生产能源物质沼气，沼气对奶牛场的能源供给、热水供给、发电等都能起到积极效果。发酵产生的沼渣、沼液也可作有机肥，沼气发酵对牛粪的资源化利用、促进循环经济发展、保护环境是较理想的选择。

对于沼气发酵工艺，在不同角度上有不同的分类方法，一般有如下几种分类：①以投料方式划分，包括连续发酵工艺、半连续发酵工艺、批量发酵工艺；②以发酵温度划分，包括高温发酵工艺、中温发酵工艺、常温发酵工艺；③以发酵阶段划分，包括单相发酵工艺、两相发酵工艺；④按发酵级差划分，包括单级沼气发酵工艺、多级沼气发酵工艺；⑤以发酵浓度划分，包括液体发酵工艺、干发酵工艺；⑥以料液流动方式划分，包括无搅拌且料液分层的发酵工艺、全混合式发酵工艺、塞流式发酵工艺。

（二）典型模式介绍

1. 小型水压式沼气池　小型水压式沼气池属于常规消化器，也称常规沼气池。1936 年，周培源在江苏省宜兴县建造水压式沼气池，后在农村推广使用，国际上通称之为"中国式沼气池"。该消化器无搅拌装置，原料在消化器内呈自然沉淀状态，一般分为 4 层，从上到下依次为浮渣层、上清液层、活性层和沉渣层。一般都设有进料口、出料间、发酵间、活动盖、导气管等部分，结构图见图 8 - 1。

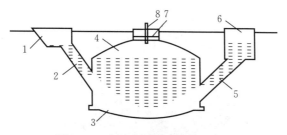

图 8 - 1　水压式沼气池结构示意图

1. 进料口　2. 进料管　3. 发酵间（料液部分）　4. 发酵间（贮气部分）
5. 出料管　6. 出料间（水压间）　7. 活动盖　8. 导气管

水压式沼气池一般利用混凝土建于地下，其结构合理，受力性能好，施工方便，省工省料，比较适用于农村小型规模奶牛养殖场。同时，土壤能对池体起一定保温作用，有利于冬季保温。但水压式沼气池的气压不稳定，对产气不利，对防渗漏的要求高。为了充分发挥池容负载能力，提高池容产气率，可在发酵间池底加入布料板，由布料板进行布料，形成多路曲流，增加新料扩散面，扩大池墙出口，并在内部设置塞留固菌板，延长发酵原料滞留期，使之充分发酵。池中部多功能活动盖下部设中心破壳输气吊笼，在输气的同时利用内部气压、气流产生搅拌作用，缓解上部料液结壳，形成曲流布料圆形水压式沼气池。

2. 完全混合式消化器（CSTR）　完全混合式消化器也称高速消化器，曾是使用最多、适用范围最广的一种消化器。完全混合式消化器是在常规消化器内安装了搅拌装置，使发酵原料和微生物处于完全混合状态。与常规消化器相比，其活性区遍布整个消化器，效率与常规消化器相比有明显提高，故名高速消化器（图 8 - 2）。

该消化器常采用恒温连续投料或半连续投料运行，适用于高浓度及含有大量悬浮固体原料的处理。例如，污水处理厂好氧活性污泥的厌氧消化过去多采用该工艺。在该消化器内，新进入的原料由于搅拌作用很快与发酵器内的发酵液混合，发酵底物浓度始终保持在相对较低的状态。而其排出的料液又与发酵液的底物浓度相等，并且在出料时微生物也一起被排出，所以，出料浓度一般较高。该消化器具有完全混合的流态，其水力停留时间（HRT）、污泥停留时间（SRT）、微生物停留时间（MRT）完全相等，即 HRT＝SRT＝MRT。为了使生长缓慢的产甲烷菌的增殖和冲出速度保持平衡，要求 HRT 较长，一般要 10～15 d 或更长的时间。中温发酵时负荷为 3～4 kg COD/（m³·d），高温发酵为 5～6 kg COD/（m³·d）。

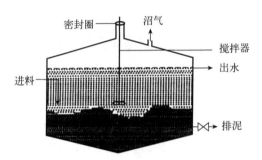

图 8-2　完全混合式消化器示意图

完全混合式消化器的优点：①可用于处理高悬浮固体含量的原料；②消化器内物料均匀分布，避免了分层状态，增加了底物和微生物接触的机会；③消化器内温度分布均匀；④进入消化器的抑制物质能够迅速分散，并能保持较低的浓度水平；⑤避免了浮渣、结壳、堵塞、气体逸出不畅和短流现象。

完全混合式消化器的缺点：①由于该消化器无法做到使 SRT 和 MRT 在大于 HRT 的情况下运行，所以需要消化器体积较大；②需要充分地搅拌，所以能量的消耗较高；③生产用大型消化器难以做到完全混合；④底物流出该系统时未完全消化，微生物随出料而流失。

3. 塞流式反应器　塞流式反应器亦称推流式消化器，是一种长方形的非完全混合消化器，高浓度悬浮固体原料从一端进入，从另一端流出，原料在消化器内的流动呈活塞式推移状态。在进料端呈现较强的水解酸化作用，甲烷的产生随着向出料方向的流动而增强。由于进料端缺乏接种物，所以要进行污泥回流。在消化器内应设置挡板，有利于反应器稳定的运行（图 8-3）。

塞流式反应器在牛粪厌氧消化上广泛应用，因牛粪质轻、浓度高、长草多、本身含有较多产甲烷菌、不易酸化，所以，用塞流式反应器处理牛粪较为适宜（表 8-3）。

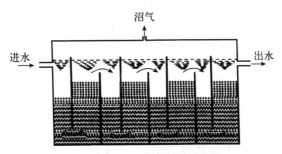

图 8-3 塞流式反应器示意图

表 8-3 塞流式反应器与常规沼气池比较

池型	体积/m³	温度/℃	负荷/[kgVS/(m³·d)]	进料（TS含量）/%	HRT/d	产气量/(L/kgVS)	CH₄/%
塞流式	38.4 m³	25	3.5	12.9	30	364	57
		35	7	12.9	15	337	55
常规池	35.4 m³	25	3.6	12.9	30	310	58
		35	7.6	12.9	15	281	55

该反应器要求进料粗放，不用去除长草，不用泵或管道输送，使用斗车直接将牛粪投入池内。采用 TS 为 12% 的浓度使原料无法沉淀和分层。生产实践表明，塞流式反应器不适用于鸡粪的发酵处理，这是因为鸡粪沉渣多，易生成沉淀而形成大量死区，严重影响消化器效率。

塞流式反应器的优点：①不需搅拌装置，结构简单，能耗低；②除适用于高 SS 废物的处理外，尤其适用于牛粪的消化；③运转方便，故障少，稳定性高。

塞流式反应器的缺点：①固体物可能沉淀于底部，影响反应器的有效体积，使 HRT 和 SRT 降低；②需要固体和微生物的回流作为接种物；③因该消化器面积比体积的值较大，故难以保持一致的温度，效率较低；④易产生结壳。

4. 上流式厌氧污泥床反应器（UASB） UASB 是目前发展最快的消化器之一，其特征是自下而上流动的污水流过膨胀的颗粒状的污泥床。消化器分为 3 个区，即污泥床、污泥层和三相分离器（图 8-4）。分离器将气体分流并阻止固体物漂浮和冲出，使 MRT 比 HRT 的值大大增长，产甲烷效率明显提高，污泥床区平均只占反应器体积的30%，但80%~90%的有机物在这里被降解。该工艺将污泥的沉降和回流置于同一个装置内，降低了造价，在国内外已被大量用于低 SS 废水的处理，如废酒醪滤液、啤酒废水、豆制品废水等。

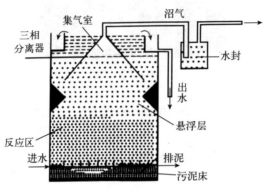

图 8-4 UASB 反应器结构示意图

三相分离器是 UASB 反应器最有特点和最重要的装置，其功能是对反应区上升的气、固、液混合物进行分离，气、固、液分离效果的好坏直接影响反应器的处理效果，这是反应器运行成败的关键。

三相分离器的原理及种类：①集气室缝隙部分的面积应占反应器全部面积的1.5%~20%；②在反应器高度为5~7 m 时，集气室的高度应为1.5~2 m；③在集气室内应保持气液界面以释放和收集气体，防止浮渣或泡沫层的形成；④在集气室的上部应该设置消泡喷嘴，当处理污水有严重泡沫问题时进行消泡；⑤反射板与缝隙之间的遮盖应为100~200 mm，以避免上升的气体进入沉淀室；⑥出气管的直管应够长以保证从集气室中引出沼气。

三相分离器是 UASB 厌氧消化器的关键设备，主要功能是气液分离、固液分离和污泥回流，其形式多样，但均由气封、沉淀区和回流缝 3 个部分组成。图 8-5 所示的三相分离器的构造较为简单，但泥水分离的情况不够理想。回流缝内同时存在着流体的上升和下降，互相干扰。图 8-6 三相分离器的构造虽较为复杂，但污泥回流和水流上升互相不干扰，污泥回流通畅，泥水分离效果较好，同时气体分离效果也较好。

UASB 反应器的优点：①除三相分离器外，消化器结构简单，没有搅拌装置及填料；②较长的 SRT 及 MRT 使其实现了很高负荷率；③颗粒污泥的形成使微生物天然固定化，增加了工艺的稳定性；④出水 SS 含量低。

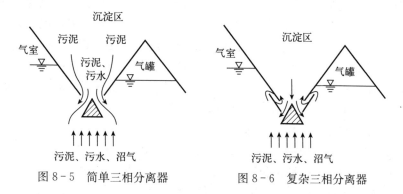

图 8-5　简单三相分离器　　图 8-6　复杂三相分离器

UASB 反应器的缺点：①需要安装三相分离器；②需要有效的布水器，使进料能均匀分布于消化器底部；③要求进水 SS 含量低；④在水力负荷较高或 SS 负荷较高时易流失固体和微生物，对运行技术的要求较高。

5. 内循环厌氧反应器（IC）　内循环（internal circulation）厌氧反应器，简称 IC。1986 年由荷兰帕克（PAQUES）公司研究成功并用于生产，是目前效能最高的厌氧反应器。该反应器集 UASB 反应器和流化床反应器的优点于一身，利用反应器内所产沼气的提升力实现发酵料液内循环。近年来，清华大学等对该反应器进行了深入的研究，并已投入生产使用。

IC 厌氧反应器的基本构造如图 8-7 所示，该反应器如同把两个 UASB 反应器叠加在一起，反应器高度可达 16～25 m，高径比可达（4～8）:1。在其内部增设了沼气提升管和回流管，上部增加了气液分离器。该反应器启动时，须投入大量颗粒污泥。运行过程中，将第一反应室所产沼气经集气罩收集并沿提升管上升作为动力，把第一反应室的发酵液和污泥提升至反应器顶部的气液分离器，分离出的沼气从导管排走，泥水混合液沿回流管返回第一反应室内，从而实现了下部料液的内循环。如，处理低浓度废水时循环流量可达进水量的 2～3 倍，处理高浓度废水时循环流量可达进水流量的 10～20

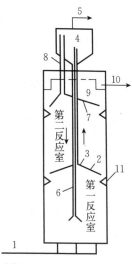

图 8-7　IC 厌氧反应器构造原理示意图

1. 进水　2. 第一反应室集气罩
3. 沼气提升管　4. 气液分离器
5. 沼气导管　6. 回流管
7. 第二反应室集气罩　8. 集气管
9. 沉淀区　10. 出水管　11. 气封

倍。其结果是使第一厌氧反应室不仅有很高的生物量和很长的污泥滞留期，而且有很大的升流速度，该反应室内的污泥和料液能基本处于完全混合状态，从而大大提高了第一反应室的有机物去除能力。经第一反应室处理过的废水自动进入第二厌氧反应室。废水中剩余的有机物可被第二反应室内的颗粒污泥进一步降解，使废水得到更好的净化。经过两级处理的废水在混合液沉淀区进行固液分离，清液由出水管排出，沉淀的颗粒污泥可自动返回第二反应室，这样就完成了全部废水处理过程。

与其他形式的反应器相比，IC 厌氧反应器具有容积负荷率高、占地面积小、不必外加动力、抗冲击负荷能力强、启动时间短、能缓冲 pH、出水的稳定性好等技术优点。这种工艺虽然效率较高，但并不适用于悬浮物较多的物料，主要适用于工业有机废水的处理。

6. 升流式固体反应器（USR） USR 是一种简单的反应器，它能自动形成比 HRT 更长的 SRT 和 MRT，未反应的生物固体和微生物靠自然沉淀滞留于反应器内，可进入高 SS 原料如畜禽粪水和酒精废液等，而且不需要出水回流和气/固分离器，如图 8-8 所示。

美国人 R. F. Fannion 等曾将之用于海藻的中温厌氧消化，其 TS 浓度平均为 12%，负荷为 1.6%～1.9% kgVS/(m³·d)，甲烷产率为 0.6～3.2 m³/d。首都师范大学周孟津等也将 USR 反应器用于鸡粪废水的中温厌氧消化，负荷达 10.5 kg COD/(m³·d)，产气率达 4.9 kg m³/(m³·d)，在 HRT 为 5 d 的情

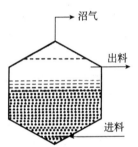

图 8-8 升流式固体反应器示意图

况下，SRT 可达 24.5 d。该反应器适用于高 SS 原料，应用前景广阔。

7. 折流式反应器 折流式反应器的结构如图 8-9 所示，在这种消化器里，由于挡板的阻隔，污水上下折流穿过污泥层。这样每一个单元都相当于一个反应器，反应器的总效率等于各反应器之和。我国前些年曾引进该型消化器，用来处理酒精废醪和丙酮丁醇废醪，但在实际应用中其效果一直欠佳。究其原因，一是进料负荷全部集中于第一小室中，造成第一小室严重超负荷运行，引起发酵液酸化，使产甲烷菌的活性受到抑制，导致发酵失败；二是在折流式反应器内，料液呈塞流式流动，酸化了的第一室料液会逐渐把后面各室的污泥推出并使之酸化。为了克服酸化现象，可采用回流污泥的方式将甲烷菌送入第一室内。因第一室在不断进料，所以回流量小，起不到防止酸化的作用。回流量大时才能出现完全混合，这样才可能防止酸化。

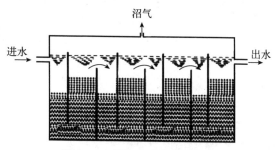

图8-9 折流式反应器示意图

由以上分析看出，折流式反应器从理论到实践都存在不少问题，难以在生产中推广应用。同时由于要造成折流，消化器的结构更复杂，施工难，造价高。

三、适合奶牛场的粪污厌氧发酵处理技术

一个完整的大中型沼气发酵工程，无论其规模大小，都包括如下工艺流程（图8-10）：原料（废水）的收集、预处理、消化器（沼气池）、出料的后处理和沼气的净化与贮存等。

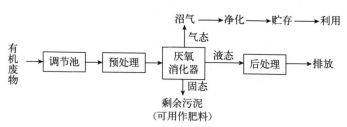

图8-10 沼气发酵基本工艺流程图

1. 原料的收集 对于禽畜养殖场的新建、改建、扩建，应采取干清粪工艺，并需要及时对粪便进行清理，且粪便不可与尿、污水混合排出，排出后的粪便须及时运送至一定的贮存或处理地点进行日产日清处理。目前正在采用水冲粪、水泡粪等湿法清粪工艺进行粪污处理的养殖场，应逐步改为采用干清粪工艺。

干清粪工艺的主要目的是及时且有效地清除养殖场生产过程中产生的粪污，保持畜舍环境清洁，减少清理粪污过程中的大量用水用电，并有助于保持固体粪便的营养成分，提高其作为有机肥的功效。干清粪工艺的主要手段为：

粪便产生后直接进行分流处理，其中干粪需要经过机械或人工进行清扫收集运输，而尿液及冲洗水则从下水道流出。干清粪工艺分为人工清粪、铲车推粪和机械刮板清粪3种。

收集的原料一般要进入调节池贮存，因为原料收集的时间往往比较集中，而消化器的进料通常需要在1d内均匀分配，所以调节池的大小一般要能贮存24h产生的废水量。在温暖季节，调节池常兼有酸化作用，这对改善原料性能和加速厌氧消化有好处。

2. 原料的预处理　原料中常混有各种杂物，如牛粪中的杂草、鸡粪中的鸡毛和沙砾等。为了便于用泵输送及防止发酵过程中出现故障，有时还为了减少原料中的悬浮固体含量，或在进入消化器前还要对原料进行升温或降温等预处理。处理酒精和丙酮丁醇废醪时，有条件的可采用固液分离机将固体残渣分出用作饲料，这会有较好的经济效益。

3. 厌氧消化　厌氧消化是沼气发酵的核心，微生物的生长繁殖、有机物的分解转化、沼气的生产都是在这一环节内进行的。因此，厌氧消化的工艺类型及消化器是一个沼气工程设计的重点。

厌氧消化的工艺类型，根据原料在消化器内的 HRT、SRT 和 MRT 相关性的不同，分为三大类（表8-4）。在一定 HRT 条件下，设法延长 SRT 和 MRT 是厌氧消化科技水平提高的主要方向。不同的厌氧消化器适用于处理不同的有机废水和废物，根据所处理废弃物的理化性质的不同采用不同的消化工艺，是大中型沼气工程提高科技水平的关键。

表8-4　厌氧消化器的类型

类型	滞留期特征	厌氧消化工艺举例
常规型	MRT=SRT=HRT	常规消化，连续搅拌、塞流式
污泥滞留型	（MRT 和 SRT）≥HRT	厌氧接触、上流式厌氧污泥、升流式固体床、折流式、内循环
附着膜型	MRT≥（SRT 和 HRT）	厌氧滤器、流化床、膨胀床

注：HRT 指水力停留时间，SRT 指污泥停留时间，MRT 指微生物停留时间。

4. 厌氧消化液的后处理　厌氧消化液的后处理为大型沼气工程不可缺少的组成部分，在已建成的沼气工程中，有的未考虑消化液的后处理问题。由于厌氧消化液中仍含有许多未被分解的有机物养分，因此直接排放会造成二次污染，同时还浪费了可作为生态农业建设生产用的有机液体肥料资源。

厌氧消化液的后处理方式多种多样，最简便且具经济效益的方法是直接用作液体肥料施入土壤或排入鱼塘。但施肥有季节性，而且单位面积有施肥限制，因此该法不能保证连续的后处理。可靠的方法是将消化液进行沉淀后，再将沉淀下的固体物质含量高的部分进行固液分离，固体残渣用作肥料或配合适量化肥生产成适用于不同作物的复合肥料。这很受市场欢迎，并有较好的经济效益。清液部分可经曝气池、氧化塘等好氧处理后排放。经好氧处理的出水如达到排放标准，还可用于灌溉或再回收利用为生产用水。

5. 沼气的净化、贮存和输配　沼气发酵时会有水分蒸发，与沼气一同进入沼气管路，而且在沼气输配中，水的冷凝会造成管路堵塞，有时气体流量计中也会充满水。同时在沼气生产过程中，由于微生物对蛋白质的分解及硫酸盐的还原作用，一定量硫化氢（H_2S）气体生成并进入沼气。H_2S 是一种腐蚀性很强的气体，它可引起管道及仪表的快速腐蚀。H_2S 本身及燃烧时生成的 SO_2 对人也有毒害作用。因此，大中型沼气工程必须设法脱除沼气中的水和 H_2S。中温 35 ℃运行的沼气池中，沼气中的含水量为 40 g/m^3 左右，冷却到 20 ℃时沼气中的含水量只有 19 g/m^3，也就是说每立方米沼气在从 35 ℃降温到 20 ℃的过程中会产生 21 g 冷凝水。脱水通常采用脱水装置对沼气进行脱水。沼气中的 H_2S 含量通常在 1～12 g/m^3，对于蛋白质或硫酸盐含量高的原料其发酵时沼气中的 H_2S 含量就较高。根据城市煤气标准，煤气中 H_2S 含量不得超过 20 mg/m^3。硫化氢的脱除通常采用脱硫塔，内装脱硫剂进行脱硫。目前常用的脱硫方式主要有 Fe_2O_3 脱硫和生物脱硫等。因脱硫剂使用一定时间后需要再生或更换，所以最少要有两个脱硫塔，以轮流使用。

沼气的贮存通常用浮罩式贮气柜和高压刚性贮气柜。贮气柜的作用是调节产气和用气的时间差。贮气柜的大小要根据沼气的用途决定。对于沼气用于集中供气时，为保证稳定供应用气，贮气柜大小一般为日产沼气量的1/3～1/2。

沼气的输配系统是指在沼气用于集中供气时，将其输送分配至各用户（点）的整个系统。沼气输送距离可达数千米。输送管道通常采用金属管，近年来采用高压聚乙烯塑料管作为输气干管已试验成功。用塑料管输气不仅避免了金属管的锈蚀，而且造价较低。气体输送所需的压力通常依靠从贮气柜出来的沼气自身所具有的压力，远距离输送可采用增压措施。

第九章

奶牛场粪污配套土地及还田方法

一、奶牛场配套土地面积测算

（一）奶牛场粪污就地利用氮（磷）养分供给量

1. 奶牛场粪污养分产生量 奶牛场粪污养分产生量等于场内各饲养阶段奶牛年排泄氮（磷）养分之和，计算公式如下：

$$Q_{o,p} = \sum AP_{o,i} \times MP_{o,i} \times 365 \times 10^{-3}$$

式中　$Q_{o,p}$——奶牛场粪污氮（磷）养分产生总量，t/a；

　　　$AP_{o,i}$——奶牛场第 i 阶段奶牛的年均存栏量，头；

　　　$MP_{o,i}$——第 i 阶段奶牛粪污中氮（磷）养分排泄量，kg/(d·头)。

奶牛粪污中氮（磷）养分排泄量应优先采用当地数据。奶牛场各期奶牛氮平均排泄量为 1.96×10^{-1} kg/(头·d)，磷平均排泄量为 3.2×10^{-2} kg/(头·d)。奶牛场奶牛按照生长阶段划分，后备牛氮平均排泄量为 1.16×10^{-1} kg/(头·d)，磷平均排泄量为 1.65×10^{-2} kg/(头·d)；泌乳牛氮平均排泄量为 2.5×10^{-1} kg/(头·d)，磷平均排泄量为 4.17×10^{-2} kg/(头·d)。

2. 奶牛粪污养分收集量 奶牛粪污养分收集量为奶牛场各饲养阶段奶牛粪污养分收集量之和，计算公式如下：

$$Q_{o,C} = \sum \sum Q_{o,p,i} \times PC_{i,j} \times PL_j \times 10^{-4}$$

式中　$Q_{o,C}$——奶牛场奶牛粪污氮（磷）养分收集量，t/a；

　　　$Q_{o,p,i}$——奶牛场第 i 阶段奶牛粪污养分产生量，t/a；

　　　$PC_{i,j}$——奶牛场第 i 阶段在第 j 种清粪方式所占比例，%；

　　　PL_j——第 j 种清粪方式氮（磷）养分收集率（优先采用当地数据，也可参照表 9-1 数据），%。

表9-1　不同畜禽粪污收集工艺的氮（磷）收集率

（单位：%）

粪污收集工艺	氮收集率	磷收集率
干清粪	88.0	95.0
水冲清粪	87.0	95.0
水泡粪	89.0	95.0
垫料	84.5	95.0

3. 奶牛场就地利用粪肥养分供给量　奶牛场就地利用粪肥养分供给量乘以奶牛粪肥就地利用比例，计算公式如下：

$$Q_{o,Ap} = \sum \sum (Q_{o,C} \times PC_k \times PL_k \times 10^{-4}) \times PA_{o,lp} \times 10^{-2}$$

式中　$Q_{o,Ap}$——奶牛场粪污就近利用的氮（磷）养分总量，t/a；

$Q_{o,C}$——奶牛场奶牛粪污氮（磷）养分收集量，t/a；

PC_k——奶牛场奶牛粪污在第 k 种处理方式所占比例，%；

PL_k——第 k 种处理方式氮（磷）养分留存率（优先采用当地数据，也可参照表9-2数据），%；

$PA_{o,lp}$——奶牛场粪肥就地就近利用比例（该比例指奶牛场生产的有机肥或沼液肥等肥料向外销售后余下的部分所占的比例），%。

表9-2　不同畜禽粪污处理方式的氮（磷）养分留存率

（单位：%）

粪污处理方式	氮留存率	磷留存率
厌氧发酵	95.0	75.0
堆肥	68.5	76.5
氧化塘	75.0	75.0
固体贮存	63.5	80.0
沼液贮存	75.0	90.0

（二）单位面积植物奶牛粪肥养分需求量

1. 单位面积植物养分需求量　根据奶牛场周围可用土地种植作物品种、种植制度及不同作物的目标产量等参数，计算该土地上不同种植季备选作物单位土地植物养分需求量。计算公式如下：

$$NU_{o,h} = \sum (PH_i \times Q_i \times 10)$$

式中 $NU_{o,h}$——奶牛场周围可用农田种植所有备选作物单位面积氮（磷）养分需求总量，$kg/(hm^2 \cdot a)$；

  PH_i——奶牛场拟配套农田种植的第 i 季备选作物单位目标产量（各种作物的目标产量可以采用当地各种作物各自的平均产量值，或者各种作物的实际产量值，也可以直接利用实测值），$t/(hm^2 \cdot 季)$；

  Q_i——第 i 季作物形成 $100\,kg$ 产量吸收的氮（磷）量（优先采用当地数据，常见作物参考值如表 9-3 所示），kg。

表 9-3 我国主要作物的 $100\,kg$ 收获物需氮（磷）量

（单位：kg）

作物	100 kg 收获物需氮量	100 kg 收获物需磷量	作物	100 kg 收获物需氮量	100 kg 收获物需磷量
水稻	2.2	0.8	生瓜	0.43	0.062
籼稻	1.6	0.6	苦瓜	0.44	0.061
粳稻	1.8	0.67	丝瓜	0.12	0.08
糯稻	1.85	0.68	白菜	0.15	0.07
春小麦	3	0.8	甘蓝	0.43	0.21
冬小麦	2.8	0.437	花椰菜	0.93	0.162
大麦	2.23	1	菠菜	0.36	0.079
燕麦	3	1	芥菜	0.54	0.061
饲用燕麦	2.5	0.8	芹菜	0.16	0.035
春玉米	3.33	0.629	生菜	0.22	0.7
夏玉米	2.6	0.393	青菜	0.674	0.01
制种玉米	2.653	0.487	苋菜	0.627	0.08
谷子	3.8	0.44	紫角叶	0.43	0.062
高粱	2.29	0.61	蚕豆	2.4	1.179
荞麦	3.3	1.5	豇豆	0.41	0.227
栗	1.5	0.19	萝卜	0.28	0.057
青稞	2.14	0.65	小萝卜	0.2	0.03
大豆	7.2	0.748	胡萝卜	0.43	0.079
油菜	5.8	1.092	洋葱	0.27	0.052
食用向日葵	6.62	0.581	大葱	0.19	0.036

（续）

作物	100 kg 收获物需氮量	100 kg 收获物需磷量	作物	100 kg 收获物需氮量	100 kg 收获物需磷量
油用向日葵	7.44	0.812	大蒜	0.82	0.146
花生	7.19	0.887	生姜	0.63	0.026
芝麻	8.23	0.904	韭菜	0.55	0.092
甘薯	0.35	0.079	芦笋	0.17	0.022
马铃薯	0.5	0.088	茭白	1.7	0.37
红薯	0.447	1.22	葡萄	0.74	0.512
山药	0.05	0.033	葡萄（赤霞飞）	0.6	0.3
芋	0.81	1.77	葡萄（玫瑰露）	0.6	0.131
木薯	1.58	0.17	苹果	0.3	0.08
棉花（皮棉）	12.5	3.	苹果（国光）	0.3	0.035
棉花（籽棉）	5	1.1	梨	0.47	0.23
茶叶	6.4	0.88	桃（早熟）	0.21	0.013
甘蔗	0.6	0.11	桃（中晚熟）	0.22	0.017
糖用甜菜	0.4	0.15	桃	0.21	0.033
饲料甜菜	0.15	0.048	红枣（干）	2.2	0.22
食用甜菜	0.5	0.1	核桃	1.47	0.083
打瓜	22.92	3.637	杏	1.42	0.71
豌豆	5.39	4.3	柿子	0.59	0.061
绿豆	3.77	7.5	猕猴桃	0.72	0.1
红小豆	4.9	3.1	香蕉	0.73	0.216
芸豆	6.67	2.16	柑橘	0.6	0.11
架芸豆（鲜）	0.81	0.1	桉树	3.3	3.3
鹰嘴豆	1.87	0.323	杨树	2.5	2.5
苜蓿	0.2	0.2	甘草	5.3	2.31
青贮玉米	0.18	0.082	枸杞	2.25	0.458
西瓜	0.563	0.153	啤酒花	16	3.493
甜瓜	0.35	0.074	蓖麻	6.7	0.742
哈密瓜（雪里红）	0.186	0.03	麻类	3.5	0.369
草莓	0.21	0.052	亚麻	0.97	0.218

（续）

作物	100 kg 收获物需氮量	100 kg 收获物需磷量	作物	100 kg 收获物需氮量	100 kg 收获物需磷量
加工番茄	0.25	0.031	黄麻秆	2	0.35
番茄	0.33	0.1	大麻	8	1.004
菜椒	0.51	0.107	桑蚕茧	1	0.9
辣椒	0.41	0.039	桑叶	1.9	0.339
茄子	0.34	0.1	烤烟（鲜）	0.06	0.532
黄瓜	0.28	0.09	晒烟（鲜）	0.29	0.035
南瓜	0.48	0.07	晾烟（干）	3.85	0.532
冬瓜	0.44	0.18			

注：人工林地的养分需求量单位是 kg/m^3。

2. 单位面积植物粪肥养分需求量　根据不同土壤肥力下，作物氮（磷）总养分需求量中需要施肥的比例、粪肥施用的比例和粪肥当季利用效率等参数，计算单位面积植物粪肥养分需求量。计算公式如下：

$$NU_{o,M,h} = \frac{NU_{o,h} \times FP \times MP}{MR} \times 10^{-2}$$

式中　$NU_{o,M,h}$——单位面积所种植的各季作物类肥氮（磷）养分需求量，$kg/(hm^2 \cdot a)$；

$\quad\quad NU_{o,h}$——单位面积植物养分需求量，$kg/(hm^2 \cdot a)$；

$\quad\quad FP$——作物总养分需求中施肥供给养分占比（不同土壤肥力下作物由施肥创造的产量占总产量的比例如表 9-4 所示），%；

$\quad\quad MP$——农田施肥管理中，施用于农田的奶牛粪污养分含量占施肥总量的比例（MP 的参数选择范围为 0~100%），%；

$\quad\quad MR$——粪肥当季利用率（不同区域的粪肥占肥料比例可根据当地实际情况确定，粪肥氮当季利用率取值范围为 25%~30%，磷当季利用率取值范围为 30%~35%），%。

表 9-4　土壤不同氮磷养分水平下施肥供给养分占比推荐值

项目	土壤氮磷养分分级		
	Ⅰ	Ⅱ	Ⅲ
施肥供给占比	35%	45%	55%

（续）

项目	土壤氮磷养分分级		
	I	II	III
土壤全氮含量（g/kg）			
旱地（大田作物）	>1.0	0.8～1.0	<0.8
水田	>1.2	1.0～1.2	<1.0
菜地	>1.2	1.0～1.2	<1.0
果园	>1.0	0.8～1.0	<0.8
土壤有效磷含量/(mg/kg)	>40	20～40	<20

（三）奶牛场配套土地面积承载力指数

1. 奶牛场配套土地面积测算 奶牛场配套农田面积等于奶牛场就地利用粪肥养分供给量除以该配套农田所确定的种植作物类型和种植制度下的单位面积土地粪肥养分需求量，计算公式如下：

$$S_{LAND} = \frac{Q_{o,Ap} \times 10^3}{NU_{o,M,h}}$$

式中　S_{LAND}——奶牛场需要配套的土地面积，hm^2；

　　　$Q_{o,Ap}$——奶牛场奶牛粪污就地施用的氮（磷）总量，t/a；

　　　$NU_{o,M,h}$——配套农田单位耕地种植作物类型和种植制度下需要施粪肥养分量，$kg/(hm^2 \cdot a)$.

2. 奶牛场配套土地承载力指数 奶牛场配套土地承载力指数是奶牛场现有配套的土地面积和根据奶牛粪肥就地利用养分量测算的配套土地面积的比值，计算公式如下：

$$I = \frac{S_{AREA}}{S_{LAND}}$$

式中　I——奶牛场配套土地承载力指数；

　　　S_{AREA}——奶牛场现有配套土地面积，hm^2；

　　　S_{LAND}——奶牛场需要配套的土地面积，hm^2。

当 $I>1$ 时，表明该奶牛场配套土地足够；当 $I<1$ 时，表明该奶牛场配套土地面积不够，需要通过相关方式调整后实现种养平衡。

（四）土地承载力调整对策及相关计算方法

1. 奶牛场配套农田奶牛粪污土地承载力调整原则 奶牛场配套农田奶牛

粪污土地承载力不足情况下，可以从养殖端及种植端 2 个方面去进行调整。

从养殖端调整的思路主要包括：一是减少奶牛场内奶牛养殖数量；二是降低现有奶牛养殖过程的氮（磷）排放量，如推广使用低蛋白日粮、使用植酸酶等通过优化奶牛日粮养分配比等途径降低奶牛氮（磷）排泄数量；三是提高粪肥无害化处理后向外销售的比例。

从种植端调整的思路主要包括：一是扩大奶牛粪污消纳土地面积，如寻找新的奶牛粪污消纳土地；二是提高种植作物的氮（磷）带走量，如通过合理栽培等措施提高作物产量或相同产量下选择种植氮（磷）带走量高的作物品种；三是改变作物种植结构，提高复种指数，如将一年单茬种植改为一年多茬种植。

2. 奶牛场养殖配套土地调整空间计算　原有土地纳入奶牛场粪污配套消纳土地，根据计算获得在确定种植作物和种植制度下养殖场需要配套的土地面积。如果奶牛场现有土地面积大于计算获得的需要配套的土地面积，则无须寻找新的配套土地；如果奶牛场现有耕地面积小于奶牛场需要配套的土地面积，则需要计算新增的配套土地面积。

（1）与原有配套土地种植作物和种植制度下的耕地面积。如果奶牛场计划新增的配套土地与原有配套土地种植的作物和种植制度相同，则奶牛场新增的配套土地面积等于总的耕地面积需求减去已经配套的耕地面积。计算公式如下：

$$S_{land} = S_{LAND} - S_{AREA}$$

式中　S_{land}——奶牛场需要新增等的配套土地面积，hm^2；

　　　S_{LAND}——奶牛场需要配套的土地面积，hm^2；

　　　S_{AREA}——奶牛场现有配套土地面积，hm^2。

（2）新增配套耕地种植其他作物和种植制度下的耕地面积。如果奶牛场计划新增的耕地与原有配套土地种植的类型不同，新增的土地需要考虑拟种植的其他作物单位面积粪肥养分需要量。计算公式如下：

$$S_{land} = \frac{(S_{LAND} - S_{AREA}) \times NU_{o,M,h,i}}{NU_{o,M,h,j}}$$

式中　S_{land}——奶牛场需要新增等的配套土地面积，hm^2；

　　　S_{LAND}——奶牛场需要配套的土地面积，hm^2；

　　　S_{AREA}——奶牛场现有配套土地面积，hm^2；

　　$NU_{o,M,h,i}$——现有配套土地上单位面积所种植的第 i 种类型各季作物粪肥氮（磷）养分需求量，$kg/(hm^2 \cdot a)$；

$NU_{o,M,h,j}$——拟新增的耕地单位面积所种植的第 j 种类型各季作物粪肥氮（磷）养分需求量，$kg/(hm^2 \cdot a)$．

新配套的土地种植的作物种类和种植制度下所需要的单位粪肥养分需要量计算可依据本章节中"一、奶牛场配套土地面积测算"中"（二）单位面积植物奶牛粪肥养分需求量"中给出的方法进行计算。

（五）案例分析

某奶牛场奶牛存栏为 2 000 头，其中泌乳牛 1 200 头，后备牛 800 头。奶牛场粪污收集、处理流程为：干清粪，固液分离，固体堆肥、液体发酵——50%固体留作垫料、50%固体施于农田、液体施于农田。后备牛主要在运动场运动，此处粪尿混合，部分尿液蒸发，适宜采用人工干清粪；泌乳牛舍内采用机械刮粪，固液分离。用于消纳该养殖场的畜禽粪污的农田面积为120 hm^2，种植作物为青贮玉米，每公顷产青贮玉米 90 t。请根据上述内容及前文各表中给出的数据，进行如下计算。

1. 以氮养分为基础计算

（1）养分产生量。

泌乳牛氮排泄量（t/a）$=(1\,200 \times 250 \div 1\,000) \times 365 \times 10^{-3} = 109.5$

后备牛氮排泄量（t/a）$=(800 \times 116 \div 1\,000) \times 365 \times 10^{-3} = 33.87$

（2）养分收集量（干清粪工艺）。

泌乳牛养分收集量（t/a）$=109.5 \times (88 \times 100) \times 10^{-4} = 96.36$

后备牛养分收集量（t/a）$=33.87 \times (88 \times 100) \times 10^{-4} = 29.81$

（3）养分处理后留存量（泌乳牛采用固液分离，固体用于堆肥，液体用氧化塘处理，固体 50%留作垫料；后备牛采用堆肥）。

泌乳牛养分留存量（t/a）$=96.36 \times (19 \times 50 \times 10^{-2} \times 68.5 + 81 \times 75 \times 10^{-4})$
$$=64.81$$

后备牛养分留存量（t/a）$=29.81 \times 68.5 \times 10^{-2} = 20.42$

粪污养分处理后总留存量（t/a）$=64.81 + 20.42 = 85.23$

（4）单位面积青贮玉米需氮量（t/hm^2）$=0.18 \times 90 \times 10^{-2} = 0.162$

（5）单位面积植物粪肥养分需求量（t/hm^2）$=0.162 \times 35 \times 50 \div 30 \times 10^{-2}$
$$=0.094\,5$$

其中，土壤总氮含量为 1.22 g/kg，土壤氮养分分级选择 I 级，有机肥使用比例 50%，粪肥氮素当季利用率 30%。

（6）养殖场配套土地面积测算（hm^2）$=85.23 \times 10^3 \div 94.5 = 901.9$

（7）养殖场配套土地承载力指数＝120÷901.9＝0.133

上述计算结果表明，以氮养分需求测算，该养殖场配套的农田面积不能完全消纳养殖场产生的畜禽粪污，需要通过其他途径，如部分粪污生产有机肥向外销售，或进一步增加配套农田面积，改变耕地种植制度等方式实现粪污资源化利用。

2. 以磷养分为基础测算

（1）养殖场畜禽粪污养分产生量。

泌乳牛磷排泄量（t/a）＝（1 200×41.7÷1 000）×365×10^{-3}＝18.26

后备牛磷排泄量（t/a）＝（800×16.5÷1 000）×365×10^{-3}＝4.82

（2）养殖场粪污养分收集量。

泌乳牛养分收集量（t/a）＝18.26×（95×100）×10^{-4}＝17.35

后备牛养分收集量（t/a）＝4.82×（95×100）×10^{-4}＝4.58

（3）养殖场粪污养分处理后留存量。

泌乳牛养分留存量（t/a）＝18.26×（14×50×10^{-2}×76.5＋86×75）×10^{-4}

$$＝12.76$$

后备牛养分留存量（t/a）＝4.58×95×10^{-2}＝4.35

粪污养分处理后总留存量（t/a）＝12.76＋4.35＝17.11

（4）单位面积青贮玉米需磷量（t/hm²）＝0.082×90×10^{-2}＝0.073 8

（5）单位面积植物粪肥养分需求量（t/hm²）＝0.073 8×45×50÷35×10^{-2}

$$＝0.047 4$$

其中，土壤速效磷含量为 25 mg/kg，土壤氮养分分级选择Ⅱ级，有机肥替施用比例50%，粪肥磷素当季利用率35%。

（6）配套土地面积测算（hm²）＝17.11×10^3÷47.4＝361

（7）养殖场配套土地承载力指数＝120÷427.18＝0.332 4

上述计算结果表明，以磷养分需求测算，该养殖场配套的农田面积不能完全消纳养殖场产生的畜禽粪污，但是其配套土地不足部分较少。为减少粪便过量施用造成的污染，配套耕地面积应该取两个计算结果的较高值。本案例应该取以氮为基础计算的所需配套面积，也就是粪污全部就地利用条件下，配套的农田面积为 947.132 hm²，磷不足的部分可以通过其他肥料补偿。

3. 养殖场配套土地调整空间计算 该养殖场现有配套耕地 120 hm²，全部用于种植青贮玉米。如果按照养殖场产生的粪污全部用于种植青贮玉米的话，则需要配套的耕地面积是 901.9 hm²；需要新增的配套耕面积为781.9 hm²。但是养殖场周围无法流转这么多耕地，因此养殖场拟对新增配套耕地面积的种植制度进行调整，减少配套耕地面积，计划将流转耕地用于种植棉花。

每收获 100 kg 的棉花需要氮量为 11.7 kg，棉花的预期目标产量选择为 8.25 t/hm² (550 kg/亩)。根据上述参数计算方法如下。

单位面积耕地棉花需氮量（t/hm²）=11.7×8.250×10⁻²=0.965

$$单位面积耕地棉花需氮量（t/hm^2）=11.7×8.250×10^{-2}=0.965$$

$$单位面积粪肥养分需求量（t/hm^2）=0.965×45×50÷30×10^{-2}=0.723\ 8$$

其中，土壤总氮含量为 1.12 g/kg，种植棉花，土壤氮养分分级选择Ⅰ级，有机肥施用比例 50%，粪肥氮素当季利用率 30%。

$$需要新增的配套耕地面积（hm^2）=(947.132-120)×0.094\ 5÷0.723\ 8=595.73$$

二、畜禽粪便安全还田施用量

（一）畜禽粪便安全还田计算方法

畜禽粪便安全还田施用量以区域作物养分需求量及农田土壤重金属动态容量为基础进行计算。作物养分需求量根据土壤肥力、作物类型和产量、粪肥施用比例、粪肥养分含量等来确定。基于区域作物养分需求量与农田土壤重金属动态容量分别计算畜禽粪便施用量，取两者中较低值作为本区域的畜禽粪便安全还田施用量。

（二）测土配方施肥

1. 测土配方施肥方法　有三大类 6 种方法：第一类是地力分区法；第二类是目标产量法，包括养分平衡法和地力差减法；第三类是田间试验法，包括肥料效应函数法、养分丰缺指标法、氮磷钾比例法。

2. 区域性的地力分区（级）配方法　地力分区（级）配方法的做法是：按土壤肥力高低分为若干等级，或划出一个肥力均等的田片，作为一个配方区，在区域上进行大量土壤养分测试，利用这些测试结果和已经取得的田间试验成果，结合实践经验，估算出这一配方区内比较适宜的肥料种类及其施用量。

地力分区（级）配方法具有针对性强、提出的用量和措施接近当地经验、群众易于接受、推广的阻力小等优点，但存在地区局限性、依赖于经验较多等缺点，适用于生产水平差异小、基础较差的地区。实际生产中必须结合试验示范进行推广实行，并逐步加重科学测试手段及指导。

3. 目标产量配方法　目标产量配方法是以作物产量构成为根据，由土壤和肥料两个方面供给养分的原理来计算施肥量。确定目标产量以后，通过计算作物需要吸收多少养分来决定施肥用量。目前通用的有两种方法：养分平衡法、地力差减法。

（1）养分平衡法。养分平衡法是目前国际上应用较广的一种估算施肥量的方法，也称目标产量法。其原理是：在施肥条件下土壤和肥料提供了农作物吸收的养分，实现计划产量的施肥量即为农作物总需肥量与土壤供肥量之差。其计算式如下：

$$土壤施肥量 = \frac{目标产量所需养分量 - 土壤养分供应量}{肥料中有效养分含量 \times 肥料当季利用率}$$

$$= \frac{目标产量 \times 单位产量的养分吸收量 - 土壤养分供应量}{肥料中有效养分含量 \times 肥料当季利用率}$$

从上式可看出，必须满足计划产量（目标产量）、单位产量的养分吸收量、土壤养分供应量、肥料当季有效养分含量和肥料当季利用率 5 个参数才能计算施肥量。

（2）地力差减法。由于目标产量和土壤生产的产量的差值与肥料生产的产量相等，地力差减法就是利用这个等量关系来计算肥料的需要量，进行配方施肥。所谓地力就是土壤肥力，在这里用产量作为指标。作物的目标产量等于土壤生产的产量加上肥料生产的产量。土壤生产的产量即空白田产量，是指在不对作物施用任何肥料的情况下所得到的产量，它所吸收的养分全部采自于土壤。从目标产量中减去空白田产量，就是施肥后所增加的产量。肥料的需要量可按下列公式计算：

$$施肥量 = \frac{作物单位产量养分吸收量 \times (目标产量 - 空白田产量)}{肥料中有效养分含量 \times 肥料当季利用率}$$

地力差减法的优点是不需要进行土壤测试，与养分平衡法相比，该法避免了每季都要测定土壤养分的麻烦，计算也比较简便。但空白田产量是决定产量的各个因子综合影响的结果，它不能反映土壤中某些营养元素的丰缺状况，以及哪一种养分是限制因子，只能根据作物吸收量来计算需要量。一方面，不可能预先知道产量，以其为根据计算用肥量，来判断其中某些元素是否满足或已造成浪费；另一方面，目标产量中空白田产量占的比重随着土壤肥力的提高而增加，这反映了产量对土壤的依赖率增加，土壤肥力越高时，得到的空白田产量也越高，而施肥增加的产量就越低，从这个产量计算出来的施肥水平也就越低。因此，作物产量越高，通过施肥归还到土壤中去的养分越少，应特别注意，氮肥用量不足会引起地力亏损而导致土壤肥力下降，这在短期的生产实践内往往不易被发觉。

4. 田间肥效试验计算法 田间肥效试验计算法可分为肥料效应函数法、养分丰缺指标法、养分比例法 3 种。可通过简单的对比试验或应用肥料用量试验设计，也可用正交、回归等试验设计，进行多点田间试验，通过计算选出最优的处理，最终确定肥料的施用量。

（1）肥料效应函数法。肥料效应函数法是以田间试验为基础，采用回归设计，将不同处理得到的产量进行数理统计，求出肥料效应函数，或称肥料效应方程式，从而表示供试条件下产量与施肥量之间的数量关系。从肥料效应方程式中既可以直观地看出不同肥料的增产效应，也可看出两种肥料配合施用的交互效应，还可以计算最高产量施肥量（即最大施肥量）和经济施肥量（即最佳施肥量）的关系，并将其作为配方施肥决策的重要依据。

（2）养分丰缺指标法。利用土壤养分测定值与作物吸收养分之间存在的相关性，通过对不同作物的田间试验，按照作物相对产量的高低，把土壤养分测定值分等，制成土壤养分丰缺指标及相应施肥量的检索表。当取得某一土壤的养分值后，就可以对照检索表了解土壤中施肥量的大致范围以及该养分的丰缺情况。

养分丰缺指标是表示土壤养分测定值与作物产量之间相关性的一种形式。确定土壤中某一养分含量的丰缺指标时，应先测定土壤速效养分，通过在不同肥力水平的土壤上进行多点试验，获得全肥区和缺素区的相对产量。养分丰缺状况用相对产量的高低来表达。

此法具有直观性强、定肥简捷方便的优点，但其精确度较差。此法一般只适用于确定磷、钾和微量元素肥料的施用量，这是因为土壤氮的测定值与作物产量之间的相关性较差。

（3）养分比例法。依据各种养分之间的比例，通过一种养分的定量来确定其他养分的肥料用量，例如，以氮定磷、定钾，以磷定氮等。通过多因子或单因子的田间试验得出氮、磷、钾的最适用量，通过计算三者之间的比例关系，就可在确定其中一种养分的定量后，按各种养分之间的比例关系决定其他养分的肥料用量。这种方法称为氮、磷、钾比例法。此法以不同土壤类型和肥力水平为依据，可以制定出氮、磷、钾适宜配方表，容易被农民掌握及应用。

这种方法具有工作量较少、易为群众所掌握、推广方便迅速的优点，但是此法存在地区和时效的局限性。因此，针对不同作物和不同土壤，必须预先做好田间试验，相应地计算出符合于客观要求的肥料氮、磷、钾比例。特别要注意的是：要把作物吸收氮、磷、钾的比例与作物应施氮、磷、钾肥料的比例区别开来，否则，确定的施肥量就不准确。

（三）基于作物养分需求量与土壤重金属动态容量确定计算畜禽粪便施用量

1. 根据区域作物养分需求量计算粪肥年施用量 根据区域作物养分需求量计算粪肥年施用量分为两种情况：一是在有田间试验和土肥分析化验的条件

下进行年施肥量的确定；二是在不具备田间试验和土肥分析化验的条件下年进行施肥量的确定。两种情况所用的公式不同，在计算时应根据区域所属情况选择适合的一种。

（1）在有田间试验和土肥分析化验的条件下年施肥量的确定粪肥当季施用量计算公式如下：

$$N=\frac{A-S}{d\times r}\times f\times 10^2$$

式中　N——一定土壤肥力和单位面积作物预期产量下当季需要投入的某种粪肥的量，t/hm^2；

A——预期单位面积产量下作物需要吸收的营养元素的量，t/hm^2；

S——预期单位面积产量下作物从土壤中吸收的营养元素量（或称土壤供肥量），t/hm^2；

d——粪肥中某种营养元素的含量，％；

r——粪肥的当季利用率，％；

f——当地农业生产中，施于农田中的粪肥的养分含量占施肥总量的比例，％.

根据公式计算出当季施肥量 N，结合作物种植制度，可计算出基于不同元素的粪肥年施肥量。取其中的最低值作为畜禽粪便年施用量。

（2）不具备田间试验和土肥分析化验的条件下年施肥量的确定粪肥当季施用量计算公式如下：

$$N=\frac{A\times p}{d\times r}\times f$$

式中　N——一定土壤肥力和单位面积作物预期产量下当季需要投入的某种粪肥的量，t/hm^2；

A——预期单位面积产量下作物需要吸收的营养元素的量，t/hm^2；

p——由施肥创造的产量占总产量的比例，％；

d——粪肥中某种营养元素的含量，％；

r——粪肥养分的当季利用率，％；

f——粪肥的养分含量占施肥总量的比率，％。

根据公式计算出当季施肥量 N，结合作物种植制度，可计算出基于不同元素的粪肥年施肥量。取其中的最低值作为畜禽粪便年施用量。

2. 根据区域农田土壤重金属动态容量计算粪肥年施用量计算

粪肥年施用量计算公式如下：

$$H = \frac{Q_{in}}{W_i} \times 10^3$$

式中　H——根据土壤重金属负载容量（动态容量）测算出的粪肥年施用量，$t/(hm^2 \cdot a)$；

　　　Q_{in}——土壤重金属 i 的年平均动态容量，$kg/(hm^2 \cdot a)$；

　　　n——年限，一般根据 10 年、30 年、50 年计算；

　　　W_i——粪肥中重金属 i 的平均含量，mg/kg。

3. 区域畜禽粪便年安全还田施用量计算　根据区域作物养分需求量和区域农田土壤重金属动态容量分别得出畜禽粪便年施用量，取两者中较低值为本区域畜禽粪便年安全还田施用量。

4. 关键参数

（1）A 的确定的计算公式如下：

$$A = y \times a \times 10^{-2}$$

式中　y——预期单位面积产量，t/hm^2；

　　　a——作物形成 100 kg 产量吸收的营养元素的量，kg。

（2）S 的确定（t/hm^2）的计算公式如下：

$$S = 2.25 \times 10^{-3} \times c \times t$$

式中　2.25×10^{-3}——土壤养分的"换算系数"[20 cm 厚的土壤表层（耕作层或称为作物营养层），其每公顷总重约为 2 250 t（225 万 kg），那么 1 mg/kg 的养分在一公顷地中所含的量为：2 250 000 $kg/hm^2 \times 1\ mg/kg$ 即 $2.25 \times 10^{-3}\ t/hm^2$]；

　　　c——土壤中某营养元素以 mg/kg 计的测定值；

　　　t——土壤养分校正系数（即作物吸收某种养分量占土壤中该有效养分总量的百分数，因土壤具有缓冲性能，故任何一个测定值，只代表某一养分的相对含量，而不是一个绝对值，不能反映土壤供肥的绝对量，因此，还要通过田间实验，找到实际有多少养分可被吸收，其占所测定值的比重，称为土壤养分的"校正系数"，在实际应用中，可实际测定或根据当地科研部门公布的数据进行计算）。

（3）d 的确定。粪肥中某种营养元素的含量因畜禽种类、畜禽粪便的收集与处理方式不同而差别较大。施肥量的确定应根据某种畜禽粪便的营养成分进行计算。

（4）r 的确定。粪肥的当季利用率因土壤理化性状、通气性能、温度、湿度等条件不同，一般在 $25\% \sim 30\%$ 范围内变化，故当季吸收率可在此范围内选取或通过田间试验确定。

（5）f 的确定。应根据当地的施肥习惯，确定粪料作为基肥和（或）追肥的养分含量占施肥总量的比例。

（6）P 的确定。由施肥创造的产量占总产量的比例 P。可参照表 9-4 选取。

（7）Q_{in} 的确定的计算公式如下：

$$Q_{in} = 2.25 \ (S_i - C_i K^n) \ \frac{1-K}{K \ (1-K^n)}$$

式中 S_i——根据 GB 15618 确定的土壤重金属 i 的筛选值，mg/kg；

         K——土壤重金属 i 的残留率，与植物吸收、土壤中的流失与淋失等因素有关，一般取 0.90；

         C_i——土壤重金属 i 含量，mg/kg。

三、粪肥还田方法

（一）固体施肥方式

1. 撒施与条施

（1）撒施。撒施是用人工或机械的方法将肥料均匀撒施于田面，此法一般在未栽种作物的农田施用基肥时采用。撒施如能与耕耙作业结合，在耕地前或耕地后耙地前施肥，可增加肥料与土壤混合的均匀度，有利于作物根系的伸展和早期吸收。但在土壤水分不足、地面干燥、作物种植密度稀且无其他措施使肥料与土壤混合时，采用撒施田面的施肥法往往会使肥料损失量增加，使肥效降低。

（2）条施。条施是用人工或机械的方法将肥料一条条施于作物行间土壤。一般在栽种作物后追肥时采用。对多数作物条施时，须事先在作物行间开好深约 $5 \sim 10$ cm 的施肥沟，施肥后覆土；但在土面充分湿润或作物种植行有明显土垄分隔时，也可事先不开沟，而将肥料成条施于土面后覆土。干旱地区或干旱季节，条施肥料常可结合灌水后覆土。

2. 穴施   穴施是在作物预定种植的位置或种植穴内，或在作物生长期间的苗期，按株或在两株间开 $5 \sim 10$ cm 深的穴施肥，施肥后覆土。穴施是一种比条施更能使集中肥料的施用方法，也是一些直播作物将肥料与种子一起放入播种穴（种肥）的好方法。对单株种植的作物，若施肥量较小且须计株分配肥料或须与浇水相结合，又要节约用水时，一般都可采用穴施。应注意施肥穴的位置和深度均与作物根系保持适当距离，施肥后覆土前尽量结合灌水。

3. 轮施和放射状施 轮施和放射状施肥是将肥料以作物主茎为圆心作轮状或放射状施用。多年生木本作物，尤其是果树，常用此法施入。若采用撒施、条施或穴施的施肥方法，很难使肥料与作物的吸收根系充分接触而被吸收。因为作物种植密度稀，如多数果树的栽植密度在 $60\sim150$ 株/亩，株间距离远，单株的根系分布与树冠面积大，而主要的吸收根系成轮状较集中的分布于周边。

轮施的基本方法为以树干为圆心，在地上部树冠边际内对应下的田面内，在边线与圆心的中间或靠近边线的部位挖轮状施肥沟肥施肥后覆土。可围绕圆心挖成连续的圆形沟，也可间断地以圆心为中心挖成对称的 $2\sim4$ 条一定长度的月牙形沟。随树龄和根系分布深度不同，施肥沟的深度也有差异，一般以施至吸收根系附近又能减少对根的伤害为宜。施肥沟的面积一般比大田条施时宽。

在秋冬季对果树施用大量有机肥时，也可结合耕地松土在树冠下圆形面积内施用普施肥料，施肥量可稍大。

放射状施肥法的基本方法为以树干为圆心向外放射至树冠覆盖边线开挖 4 条左右施肥沟时。根据树龄、根系分布与肥料种类而确定沟深与沟宽。

（二）液体施肥方式

一是正压渠灌，将腐熟的粪水通过沟渠进行春灌与冬灌。二是过滤井灌，将腐熟的粪水通过罐车或者管道，经过滤后进行滴灌。三是集中排灌，利用大型排灌装备与机车将腐熟的粪水进行快速集中施肥利用。

1. 正压渠灌 当养殖场在地势较高的地方并且靠近灌渠时，氧化塘也建在高处，腐熟 6 个月的粪水在农作物春灌和冬灌时通过灌渠随水灌溉。目前兵团大多数团场土地都进行渠灌。这种模式下养殖场污水处理和利用的建设和运行综合成本最低。

2. 过滤井灌 养殖场靠近粪水消纳的大田，在井边修建贮液池，粪水通过氧化塘三级沉淀与过滤后，通过管道或车辆送到池内，灌溉时随水利用。车送成本较大，管送成本较小。这种模式适合已建养殖场和滴灌系统的有效结合，适合大多数养殖场粪水处理和利用。

3. 集中排灌 养殖场建在粪污消纳的农田中心，或者养殖场贮液池建在农田中心，养殖场中的粪污定期通过管通或车辆送到贮液池，在冬春灌季节，腐熟6个月的粪水，利用大型排灌装备与机车，进行快速集中施肥利用。该模式适用于天然草场或兵团的大块农田。

4. 滴灌 滴灌是在灌溉（尤其是喷灌）时将肥料溶于灌溉水而施入土壤的方法。这种方法多用于追肥。

（三）施肥深度

肥料在土壤中的位置取决于施肥深度，施肥深度也决定着肥料与不断伸展的作物根系的相互关系。作物根系多数与地面呈 $30°\sim60°$ 的夹角分布在土壤中。根系在土壤中的分布面积与深度随着地上部植株的生长日益增加。对于一年生大田作物，其生育期间的绝大部分吸收根系分布在地面以下 $5\sim10$ cm 的耕层内。

（四）施肥时期

在不同的施肥时期（作物种植前、种植时及种植后）均可对作物施肥。施肥时期以作物的种类、栽培类型和营养特点为基础，主要依据作物种类、土壤肥力、气候条件、种植季节和肥料性质等确定施肥内容。主要分为基肥、种肥和追肥3个时期。对于同一种作物，通过不同时期施用的肥料间的互相影响与配合，能促进肥效充分发挥。

1. 基肥 在作物播种或移栽前施用的肥料称基肥。习惯上将有机肥作基肥施用。基肥的施用量可较大，施肥的效率高，肥料能施得深。对于多年生作物，一般把秋冬季施用的肥料称为基肥。由于基肥能结合深耕，并同时施入有机肥和化肥，故对培肥土壤的作用较大，也较持久。

2. 种肥 种肥是与作物种子播种或幼苗定植时一起施用的肥料。其施用方式有多种。在采用机械播种时，最方便的方法为混施种肥；但只限于混施腐熟的有机肥料和缓（控）释肥料，为了与种子或幼苗根系的距离近，一般施于播种行、播种穴或定植穴中；也可将肥料与泥土等混合物在作物种子播种时盖于其上（俗称盖籽肥）。肥料被用作种肥的原则是易于被作物幼根系吸收，又不影响幼根和幼苗生长，因而要求有机肥要充分腐熟，化肥要求速效，但养分含量不宜太高，以防止在种子周围土壤水分不足时肥料与种子争水，形成浓度障碍，影响种子发芽或幼苗生长。作种肥的肥料的酸碱度要适宜，在土壤溶液中的解离度不能过大，盐度指数不能过高，氮肥以硫酸铵为较好，磷肥中可用已中和游离酸的氨化过磷酸钙，钾肥可用硫酸钾。若施用其他品种的化肥，必须严格控制用量，并与泥土等掺和使用。微量元素肥料也可同时掺入，但应严格控制数量。

3. 追肥 作物生长期间所施的肥料通称追肥。作物的生长期越长，植株越高大，追肥就越有必要。一般采用速效化肥作追肥，有时也配施一些腐熟有机肥。依据每种作物的生育期确定追肥的时间，如水稻等粮食作物的分蘖期、拔节期、孕穗期，番茄等的开花期、坐果期等。由于在同一作物的全生育期中，可以追肥多次，故具体的追肥时期常以作物的生育时期命名，如水稻、小麦有分蘖肥、拔节肥、穗肥等，对结果的作物而言有开花肥、坐果肥等。

施肥是实施配方施肥的技术措施，在确定肥料的品种、数量和比例后，再根据土壤条件采取深施或浅施、灌水措施等，还要根据作物的阶段发育理论和不同发育阶段，对不同营养成分的需要情况，分配基肥、种肥、追肥品种、数量和比例，使用有限的肥料投入，获取高产优质的效益。

四、奶牛场配套土地及还田施用推荐值

结合作物目标产量，计算牛粪尿全部生产有机肥，推荐对应田地的施用量（表9-5）。单独固体肥料、液体肥料、一半固体加全部液体等几种情况计算表格。

结合当地重金属含量及土地最大容载量，计算对应田地的施用量，反推当地奶牛的养殖量或配套土地面积。

表9-5 典型作物土地承载力推荐值

作物种类		目标产量 /(t/hm²)	土地承载力［猪当量*/(亩·当季)]	
			以氮为基础	以磷为基础
大田作物	小麦	4.5	1.2	1.9
	水稻	6	1.1	2.0
	玉米	6	1.2	0.8
	谷子	4.5	1.5	0.8
	大豆	3	1.9	0.9
	棉花	2.2	2.2	2.8
	马铃薯	20	0.9	0.7

---

* 注：猪当量指用于比较不同畜禽氮（磷）排泄量的度量单位。1头猪为1个猪当量，100头猪相当于15头奶牛、30头肉牛、250只羊、2 500只家禽。——编者注

（续）

作物种类		目标产量/(t/hm²)	土地承载力［猪当量*/(亩·当季)］	
			以氮为基础	以磷为基础
蔬菜	黄瓜	75	1.8	2.8
	番茄	75	2.1	3.1
	青椒	45	2.0	2.0
	茄子	67.5	2.0	2.8
	大白菜	90	1.2	2.6
	萝卜	45	1.1	1.1
	大葱	55	0.9	0.8
	大蒜	26	1.8	1.6
果树	桃	30	0.5	0.4
	葡萄	25	1.6	5.3
	香蕉	60	3.8	5.4
	苹果	30	0.8	1.0
	梨	22.5	0.9	2.2
	柑橘	22.5	1.2	1.0
经济作物	油料	2.0	1.2	0.7
	甘蔗	90	1.4	0.6
	甜菜	122	5.0	3.2
	烟叶	1.56	0.5	0.3
	茶叶	4.3	2.4	1.6
人工草地	苜蓿	20	0.3	1.7
	饲用燕麦	4.0	0.9	1.3
人工林地	桉树	30 m³/hm²	0.9	4.2
	杨树	20 m³/hm²	0.4	2.1

　　上述推荐值是以土壤氮养分水平Ⅱ级、粪肥比例50%、粪肥氮当季利用率25%、粪肥磷当季利用率为30%、畜禽产生的粪污全部就地利用、单位猪当量粪肥氮养分供给量为7 kg、磷养分供给量1.2 kg为基础设定的。

　　粪肥所含的养分比较全面，肥效稳定而持久。不但含有各种大量和中微量营养元素，而且含有一些能刺激根系生长的物质以及各种有益土壤微生物。粪肥含有丰富的腐殖酸，能改善土壤结构，促进土壤团粒结构的形成，使土壤变得松软，改善土壤水分和空气条件，促进根系生长；能增加土壤保肥保水性能；提高地温，促进土壤中有益微生物的活动和繁殖等。由于奶牛场粪尿产生量比较大，必须进行粪污土地承载力测算和调整，实现以种定养、以养促种、种养结合。配方施肥是综合运用现代农业科学手段，把作物、土壤、肥料三者之间联系起来，根据作物的需肥规律、土壤供肥性能和肥料的效应，以有机肥料为基础，在产前提出肥料的适宜用量、比例和相应的施肥措施的技术。

第十章

粪肥检测技术

一、样品采集及保存运输

（一）样品采集器材准备

1. 器材

（1）固体：铁锹、台秤、自封袋等。

（2）液体：液体采样器、pH 计、样品保存瓶（玻璃、塑料）、温度计、烧杯等。

（3）通用：盆（桶）、玻璃棒、记号笔、中性笔、标签纸、纯水、冰袋、泡沫箱等。

2. 试剂　浓硫酸。

3. 记录表　固废采样表、液废采样表。

（二）采样

1. 采样地点　结合养殖数量及固液废弃物的产生量、存贮量、使用量，确定样品数。结合废弃物的存放地点，确定对应的位点采集样品。结合实际需要确定样本数。单笼定点饲喂试验收集个体尿液。为测定粪肥的养分损失，界定关键环节采集样品。在采样表上详细填写。

（1）固体：舍内产污道、集粪沟或贮存池、固液分离场、堆肥场、堆肥产品。

（2）液体：舍内产污道、集粪沟或贮存池、固液分离池、氧化塘（厌氧消化器）、发酵产品。

2. 样品量

（1）固体：1 kg。

（2）液体：1 L。

（3）无论是固体还是液体都需有一份样品平行样备用。

3. 样品采集

（1）固体：每次取样约 500 g，放在塑料布或塑料盆中，混合后采用四分法取 2 份。

（2）液体：注意将表面的漂浮物去掉，拨开液面，选择对应地点。结合氧化塘的面积和深度，将相同深度而位点不同的样品混合在一起，视为此深度混合样。用采样容器直接采样时，须用液体样冲洗 3 次后再行采样。

（3）根据需要现场测定温度、pH、电导率等。

（三）样品预处理

样品预处理是根据后续试验要求、测定指标来进行的，不同要求对应的预处理的方法不一样。平行样采用同样处理方法。

1. 固废 混合样品添加浓度为 4.5 mol/L H_2SO_4，添加的比例为每 100 g 鲜粪加 20 mL，另外一个样品不进行预处理。

2. 液废 取 2 L 左右混合液体样到预处理桶中，然后一边加入浓硫酸一边搅拌，同时使用 pH 试纸测定污水 pH，当调节至 pH<2 后，停止加浓硫酸，搅匀后装满样品瓶，样品瓶口不能留有空气。

（四）样品保存

1. 固废 固体样品应在 4 ℃以下避光保存，并尽快（24 h 之内）送至检测实验室进行分析化验。

2. 液废 污水样品的保存方法如表 10-1 所示，并须在保存期限内完成检测工作。

表 10-1 液体样品保存方法

待测项目	容器类别	保存方法	分析地点	保存期限	建议
COD_{Cr}	P 或 G	2~5 ℃冷藏 硫酸酸化 pH<2，2~5 ℃冷藏 −20 ℃冷冻	实验室	尽快 1 周 1 月	—
氨氮、凯氏氮	P 或 G	硫酸酸化 pH<2，在 2~5 ℃冷藏	实验室	尽快	应考虑加入杀菌剂如三氯甲烷等

（续）

待测项目	容器类别	保存方法	分析地点	保存期限	建议
总磷	BG	室温保存 硫酸酸化 pH<2	实验室	24 h 数月	—
重金属	P	实验室	1 月	—	—

注：① P——聚乙烯、G——玻璃、BG——硼硅玻璃。

② 2～5 ℃暗处冷藏——采集的样品放置于预先准备的保温样品箱内，或放置在样品冰箱的冷藏室，随时检查保温样品箱和冰箱温度。

③ 硫酸酸化 pH<2——使用浓硫酸调节水样至 pH<2，并用 pH 试纸检查。

④ −20 ℃冷冻——对于不能及时送至检测实验室的污水样品，必须放置于冷冻冰柜或冰箱冷冻室，保证温度在−20 ℃以下。

（五）运输及保存

1. 固废 样品运输前应逐一与采样记录和样品标签进行核对，核对无误后分类装箱。采集的粪便在运输过程中须保存在保温样品箱内，以防在运输途中破损。除了避免日光照射和低温运输外，还要防止新的污染物污染使样品变质。

2. 液废 装有水样的容器必须加以妥善保护和密封，并装在保温样品箱内固定，以防在运输途中破损，其中材料和运输水样的条件都应严格控制。除了防震、避免日光照射和低温运输外，还要防止新的污染物进入容器和污染瓶口而使水样变质。冬季应采取保温措施，以免冻裂样品瓶。

（六）试样制备

固体样品经风干或冷冻干燥后，缩分至约 100 g，迅速研磨至全部通过 0.5 mm 孔径试验筛（如样品潮湿，可通过 1.00 mm 试验筛），混合均匀，置于洁净、干燥容器中。液体样品经多次摇匀后，迅速取出约 100 mL，置于洁净、干燥容器中。

（七）固废采样记录表和液废采样记录表

固废采样记录表和液废采样记录表请参考表 10 - 2 和表 10 - 3。

表 10 - 2 固废采样记录表

名称	
地址	

（续）

动物种类			饲养类型			
感官描述	颜色	气味	含水情况	其他		
样品标号	采样时间	动物编号	饲养阶段	日龄	天气	

现场情况记录

记录人：　　　　　　　　　　　采样人：

表 10 - 3　液废采样记录表

养殖场名称						
地址						
动物种类			饲养类型			
感官描述	颜色	气味	浑浊度	其他		
样品标号	动物编号	采样日期	现场预处理	pH	天气	备注

现场情况记录

记录人：　　　　　　　　　　　采样人：

二、畜禽粪肥水分含量的测定

（一）仪器和设备

常规实验室仪器；电热恒温干燥箱，温度可控制在（105±2）℃；称量瓶，容积不小于 50 mL；铝盒或瓷坩埚等，具盖。

（二）水分含量测定

1. 烘干水分含量测定

（1）测定。称取试样 2~3 g（精确至 0.001 g），平铺于已预先干燥并恒重的称量瓶中，在（105±2）℃电热恒温干燥箱内烘干 8 h。取出后放入干燥器中冷却至室温，称量。若使用瓷坩埚盛放试样，可结合有机物总量的测定同步完成。

（2）结果表述。烘干水分含量以质量分数 x_1 计，数值以百分率表示：

$$x_1 = \frac{m_1 - m_2}{m_1} \times 100\%$$

式中　x_1——烘干水分含量的质量分数，%；

　　　m_1——烘干前试料的质量，g；

　　　m_2——烘干后试料的质量，g。

取平行测定结果的算术平均值为测定结果，结果保留到小数点后 2 位。

2. 风干水分含量的测定

（1）测定。将样品置于适当的容器中，用分析天平迅速称量（精确至 0.01 g），然后置于通风良好的干燥环境中充分风干后，再次称量。此步骤可结合试样制备前的风干过程同步进行。

（2）结果表述。风干水分含量以质量分数 x_0 计，数值以百分率表示：

$$x_0 = \frac{m_0 - m_1}{m_0} \times 100\%$$

式中　x_0——风干水分含量的质量分数，%；

　　　m_0——风干前试料的质量，g；

　　　m_1——风干后试料的质量，g。

取平行测定结果的算术平均值为测定结果，结果保留到小数点后 2 位。

三、畜禽粪肥有机质分级测定

（一）易氧化有机质含量测定

（1）试剂和仪器设备。高锰酸钾溶液，$c(1/5\ KMnO_4) = 333\ mol/L$。称取高锰酸钾 10.476 2 g，溶于 1 050 mL 水中，缓缓煮沸 15 min，冷却后置于暗处，2 周后用去 CO_2 水定容到 1 000 mL，摇匀后再用 4 号玻璃砂芯滤器过滤于干燥的棕色瓶中。若保存期超过 3 个月，使用前须再次过滤。

过滤高锰酸钾溶液不能用滤纸等有机滤材，所用的玻璃滤器应预先以同样的高锰酸钾溶液缓缓煮沸 5 min。收集瓶也应用此高锰酸钾溶液洗涤 2～3 次。

常规实验室仪器；分光光度计，配 1 cm 石英比色皿；振荡器；转速可达 4 000 r/min 的离心机，配有 50 mL 聚四氟乙烯或圆底玻璃离心管。

（2）测定。称取试样 0.1～0.5 g（精确至 0.000 1 g，碳含量不超过 75 mg）于 100 mL 具塞锥形瓶中，加入 25 mL 高锰酸钾溶液，在室温下于振荡器上振荡 60 min（振荡频率以瓶内试样能够自由翻动即可）。将试样转移至离心管，在离心机上以 3 000～4 000 r/min 的转速离心 10 min，上清液待测。

吸取 1 mL 上清液至 250 mL 容量瓶中，定容。摇匀后在分光光度计 565 nm 波长下测量吸光度。

同时做空白试验。空白试验除不加试样外，其余条件与试样溶液相同进行制备与测定。

（3）结果表述。样品中易氧化有机质含量以质量分数 w_1 计，数值以百分率表示：

$$w_1（风干基）=\frac{\dfrac{A_0-A}{A_0}\times 0.333\times 25\times 9\times 1.724\times 10^{-3}}{m}\times 100\%$$

$$=\frac{(A_0-A)\times 0.129\,2}{A_0 m}\times 100\%$$

$$w_1（风干基）=\frac{(A_0-A)\times 0.129\,2}{A_0 m\,(1-x_1)}\times 100\%$$

$$w_1（样品）=w_1（风干基）\times(1-x_0)$$

式中　w_1——样品中易氧化有机质含量的质量分数，%；

$\quad\quad A_0$——空白试验时测得的吸光度值；

$\quad\quad A$——测定试样时测得的吸光度值；

$\quad\quad 0.333$——高锰酸钾溶液的浓度，mol/L；

$\quad\quad 25$——高锰酸钾溶液的体积，mL；

$\quad\quad 9$——与 1.00 mL 高锰酸钾溶液 $[c(1/5\ KMnO_4)=1.000\ mol/L]$ 相当的以毫克表示的碳的质量；

$\quad\quad 1.724$——有机碳换算为有机质的系数；

$\quad\quad 10^{-3}$——mg 换算为 g 的系数；

$\quad\quad m$——试料的质量，g；

$\quad\quad x_1$——烘干水分的质量分数，%；

$\quad\quad x_0$——风干水分的质量分数，%。

取平行测定结果的算术平均值为测定结果，结果保留 3 位有效数字。

（二）有机质含量的测定

1. 试剂

（1）邻菲罗啉指示剂。称取 1.490 g 邻菲罗啉溶于含有 0.70 g 硫酸亚铁的 100 mL 水溶液中，密闭保存于棕色瓶中。

（2）重铬酸钾溶液。$c(1/6K_2Cr_2O_7)=1\ mol/L$。称取重铬酸钾 49.031 g，溶于 500 mL 水中（必要时可加热溶解），冷却后，定容到 1 L，摇匀。

（3）重铬酸钾标准溶液。$c(1/6K_2Cr_2O_7)=0.200\ 0\ mol/L$。称取经 120 ℃ 烘至恒重的重铬酸钾基准试剂 9.807 g，用水溶解，定容至 1 L。

（4）硫酸亚铁标准滴定溶液。$c(FeSO_4)=0.2\ mol/L$。称取硫酸亚铁 56 g 溶于 600～800 mL 蒸馏水中，加入 20 mL 硫酸，定容至 1 L，贮于棕色瓶中。硫酸亚铁溶液在空气中易被氧化，使用时应标定其浓度。

（5）硫酸亚铁标准溶液的标定。吸取 20 mL 重铬酸钾标准溶液于 200 mL 锥形瓶中，加入 3 mL 硫酸和邻菲啰啉指示剂 3～5 滴，用硫酸亚铁标准溶液滴定，根据消耗的体积，计算硫酸亚铁标准溶液的浓度 c_2：

$$c_2=\frac{c_1\times V_1}{V_2}$$

式中　c_1——重铬酸钾标准溶液的浓度，mol/L；

c_2——硫酸亚铁标准溶液的浓度，mol/L；

V_1——重铬酸钾标准溶液的体积，mL；

V_2——滴定时消耗的硫酸亚铁标准滴定溶液的体积，mL。

2. 仪器和设备　常规实验室仪器；温度可达 300 ℃ 的电沙浴或具有相同功效的其他加热装置；200 mL 磨口锥形瓶及与其配套使用的磨口简易空气冷凝管，直径约 1 cm，长约 20 cm。

3. 测定

（1）氧化。称取试样 0.05～0.3 g（精确至 0.000 1 g）于磨口锥形瓶中，加入 25.0 mL 重铬酸钾溶液和 25.0 mL 硫酸。将锥形瓶与简易空气冷凝管连接，置于已预热到 200～230 ℃ 的电沙浴上加热。当简易空气冷凝管下端落下第一滴冷凝液时，开始计时，氧化（10±0.5）min。取下锥形瓶，冷却。用水冲洗冷凝管内壁后全部转入 250 mL 容量瓶中，定容待测。

注：若使用油浴、孔块电加热装置进行氧化，须保证加热玻璃仪器中露出热源部分至少 20 cm，并加盖弯颈漏斗。

（2）滴定。吸取 50.0 mL 待测液于 200 mL 锥形瓶中，加水使锥形瓶中溶满体积约为 120 mL。再加入 3～5 滴邻菲罗啉指示剂，用硫酸亚铁标准滴定溶液滴定剩余的重铬酸钾。溶液的变色过程经橙黄变为蓝绿再变为棕红，即达终点。若滴定所消耗的体积不到滴定空白所消耗体积的 1/3 时，则应减少试样称样量，重新测定。

（3）空白试验。除不加试样外，其他步骤同试样的测定。2 次空白试验的滴定体积绝对差值≤0.06 时，才可取平均值，代入计算公式。

4. 结果表述　样品中有机质含量以质量分数 w_2 计，数值以百分率表示：

$$w_2 \text{（风干基）} = \frac{(V_1 - V_2)\ c \cdot D \times 0.003 \times 1.724}{m} \times 100\%$$

$$w_2 \text{（烘干基）} = \frac{(V_1 - V_2)\ c \cdot D \times 0.003 \times 1.724}{m\ (1 - x_1)} \times 100\%$$

$$w_2 \text{（样品）} = w_2 \text{（烘干基）} \times (1 - x_0)$$

式中　w_2——样品中有机质含量的质量分数，%；

V_1——测定空白时消耗的硫酸亚铁标准滴定溶液的体积，mL；

V_2——测定试样时消耗的硫酸亚铁标准滴定溶液的体积，mL；

C——硫酸亚铁标准滴定溶液的浓度，mol/L；

D——测定时试样溶液的稀释倍数；

0.003——与 1.00 mL 硫酸亚铁标准滴定溶液 $[c(\text{FeSO}_4) = 1.000\ \text{mol/L}]$ 相当的以克表示的碳的质量；

1.724——有机碳换算为有机质的系数；

m——试料的质量，g；

x_1——烘干水分的质量分数，%；

x_0——风干水分的质量分数，%。

取平行测定结果的算术平均值为测定结果，结果保留 3 位有效数字。

（三）有机物总量和灰分含量的测定

1. 仪器设备　常规实验室仪器；高温电炉，温度可控制在 (525 ± 10)℃；瓷坩埚或镍坩埚，容积 50 mL，具盖。

2. 测定

（1）坩埚测定。将坩埚放入高温电炉（坩埚盖斜放），在 (525 ± 10)℃下灼烧 30 min。取出后移入干燥器中平衡 30 min，称量。再放入高温电炉在 (525 ± 10)℃灼烧 10 min。取出，同上条件冷却、称量，直至 2 次质量之差小于 0.5 mg，即恒重。

（2）试样测定。称取试样 2～3 g，精确至 0.001 g，平铺于已知质量的坩埚中，在电炉上缓慢碳化（坩埚盖斜放），先在较低温度下灼烧至无烟，然后升高温度灼烧使试料呈灰白色，再放入高温电炉内（坩埚盖斜放），于（525±10）℃灼烧 6 h。取出后移入干燥器中平衡，称量。

注：平铺于坩埚中的试料在碳化前，可增加烘干、称重等步骤，同步完成水分含量测定。

3. 结果表述　样品中有机物总量以质量分数 w_3 计，数值以百分率表示：

$$w_3（风干基）=\frac{m_1-m_2}{m}\times100\%$$

$$w_3（烘干基）=\frac{m_1-m_2}{m（1-x_1）}\times100\%$$

$$w_3（样品）=w_3（风干基）\times(1-x_0)$$

式中　w_3——样品中有机物总量的质量分数，%；

　　　m_1——灼烧前坩埚及内容物质量，g；

　　　m_2——灼烧后坩埚及内容物质量，g；

　　　m——试料的质量，g；

　　　x_1——烘干水分的质量分数，%；

　　　x_0——风干水分的质量分数，%。

取平行测定结果的算术平均值为测定结果，结果保留 3 位有效数字。

样品中灰分含量以质量分数 w_4 计，数值以百分率表示：

$$w_4（风干基）=\frac{m_2-m_0}{m}\times100\%$$

$$w_4（烘干基）=\frac{m_2-m_0}{m（1-x_1）}\times100\%$$

$$w_4（样品）=w_4（风干基）\times(1-x_0)$$

式中　w_4——样品中灰分含量的质量分数，%；

　　　m_2——灼烧后坩埚及内容物质量，g；

　　　m_0——坩埚的质量，g；

　　　m——试料的质量，g；

　　　x_1——烘干水分的质量分数，%；

　　　x_0——风干水分的质量分数，%。

取平行测定结果的算术平均值为测定结果，结果保留 3 位有效数字。

四、畜禽粪肥全氮含量的测定

1. 试剂

（1）硫酸，30％过氧化氢。

（2）氢氧化钠溶液，质量浓度为40％。称取40 g氢氧化钠溶于水中配成100 mL溶液。

（3）2％（m/V）硼酸溶液。称取20 g硼酸溶于水中，稀释至1 L。

（4）定氮混合指示剂。称取0.5 g溴甲酚绿和0.1 g甲基红溶于100 mL 95％乙醇中。

（5）硼酸-指示剂混合液，每升2％硼酸溶液中加入20 mL定氮混合指示剂并用稀碱或稀酸调至红紫色（pH约为4.5）。此溶液放置时间不宜过长，如在使用过程中pH有变化，须随时用稀碱或稀酸调节。

（6）硫酸 $[c(1/2H_2SO_4)=0.05 \text{ mol/L}]$ 或盐酸 $[c(HCl)=0.05 \text{ mol/L}]$ 标准溶液。

2. 仪器和设备 实验室常用仪器设备，定氮蒸馏装置或凯氏定氮仪。

3. 测定

（1）试样溶液制备。称取试样0.5～1.0 g（精确至0.000 1 g），置于凯氏烧瓶底部，用少量水冲洗粘附在瓶壁上的试样，加5 mL硫酸和1.5 mL过氧化氢，小心摇匀，瓶口放一弯颈小漏斗，放置过夜。在可调电炉上缓慢升温至硫酸冒烟，取下，稍冷后加15滴过氧化氢，轻轻摇动凯氏烧瓶，加热10 min，取下，稍冷后再加5～10滴过氧化氢并分次消煮，直至溶液呈无色或淡黄色清液，然后继续加热10 min，除尽剩余的过氧化氢。取下稍冷，小心加水至20～30 mL，加热至沸。取下冷却，用少量水冲洗弯颈小漏斗，洗液收入原凯氏烧瓶中。将消煮液移入100 mL容量瓶中，加水定容，静置澄清或用无磷滤纸干过滤到具塞三角瓶中，备用。

（2）空白试验。除不加试样外，试剂用量和操作同试样制备。

（3）蒸馏。蒸馏前检查蒸馏装置是否漏气，并进行空蒸馏清洗管道。吸取消煮液50.0 mL于蒸馏瓶内，加入200 mL水。于250 mL三角瓶加入10 mL硼酸-指示剂混合液承接于冷凝管下端，管口插入硼酸液面中。由筒形漏斗向蒸馏瓶内缓慢加入15 mL氢氧化钠溶液，关好活塞。加热蒸馏，待馏出液体积约100 mL，即可停止蒸馏。

（4）滴定。用硫酸标准溶液或盐酸标准溶液滴定馏出液，馏出液由蓝色刚变至紫红色即为终点，记录消耗酸标准溶液的体积（mL）。

4. 结果表述　全氮含量以质量分数 w 表示，数值以百分率表示。

$$w = \frac{(V_2 - V_1) \times c_1 \times 0.014\,01 \times D}{m} \times 100\%$$

式中　　w——全氮含量的质量分数，%；

c_1——标准溶液的摩尔浓度，mol/L；

V_1——空白试验时消耗标准溶液的体积，mL；

V_2——样品测定时消耗标准溶液的体积，mL；

0.014 01——氮的摩尔质量，g/mmol；

m——试料的质量，g；

D——分取倍数（定容体积/分取体积）为 100/50。

取平行测定结果的算术平均值为测定结果，结果保留到小数点后 2 位。

五、畜禽粪肥全磷含量的测定

1. 试剂和材料

（1）硫酸，硝酸，30%过氧化氢，无磷滤纸。

（2）钒钼酸铵试剂。A 液，称取 25.0 g 钼酸铵溶于 400 mL 水中。B 液，称取 5 g 偏钒酸铵溶于 300 mL 沸水中，冷却后加 250 mL 硝酸，冷却。在搅拌下将 A 液缓缓注入 B 液中，用水稀释至 1 L，混匀，贮于棕色瓶中。

（3）氢氧化钠溶液。质量浓度为 10%。

（4）硫酸溶液。体积分数为 5%。

（5）50 μg/mL 磷标准溶液。称取 0.219 5 g 经 105 ℃烘干 2 h 的磷酸二氢钾基准试剂，用水溶解后，转入 1 L 容量瓶中，加入 5 mL 硫酸，冷却后用水定容至刻度。该溶液 1 mL 含磷 50 μg。

（6）2,4-二硝基酚指示剂或 2,6-二硝基酚指示剂。质量浓度为 0.2%的溶液。

2. 仪器和设备　实验室常用仪器设备，分光光度计。

3. 测定

（1）试样溶液的制备。称取试样 0.5～1.0 g（精确至 0.000 1 g），置于凯氏烧瓶底部，用少量水冲洗瓶壁上的试样，加 5 mL 硫酸和 1.5 mL 过氧化氢，小心摇匀，瓶口放一弯颈小漏斗，放置过夜。在可调电炉上缓慢升温至硫酸冒烟，取下，稍冷后加 15 滴过氧化氢，轻轻摇动凯氏烧瓶，加热 10 min，取下，稍冷后再加 5～10 滴过氧化氢并分次消煮，直至溶液变为呈无色或淡黄色清液时，再继续加热 10 min，除尽剩余的过氧化氢。取下稍冷，小心加水至 20～

30 mL，加热至沸。取下冷却，用少量水冲洗弯颈小漏斗，洗液收入原凯氏烧瓶中。将消煮液移入 100 mL 容量瓶中，加水定容，静置澄清或用无磷滤纸干过滤至具塞三角瓶中备用。

（2）标准曲线绘制。吸取磷标准溶液 0 mL、1.0 mL、2.5 mL、5.0 mL、7.5 mL、10.0 mL、15.0 mL 分别置于 7 个 50 mL 容量瓶中，加入与吸取试样溶液等体积的空白溶液，加水至 30 mL 左右，加 2 滴 2,4 -二硝基酚指示剂或 2,6 -二硝基酚指示剂，用氢氧化钠溶液和硫酸溶液调节溶液至刚呈微黄色，加 10.0 mL 钒钼酸铵试剂，摇匀，用水定容。此溶液为 1 mL 含磷 0 μg、1.0 μg、2.5 μg、5.0 μg、7.5 μg、10.0 μg、15.0 μg 的标准溶液系列。在室温下放置 20 min 后，在分光光度计波长 440 nm 处用 1 cm 光径比色皿，以空白溶液调节仪器零点，进行比色，读取吸光度。根据磷浓度和吸光度绘制标准曲线或求出直线回归方程。波长数值可根据磷浓度进行选择（表 10 - 4）。

表 10 - 4　磷浓度与选择波长对应关系

磷浓度/(mg/L)	0.75～5.5	2～15	4～17	7～20
波长/nm	400	440	470	490

（3）试样测定。吸取 5.00～10.00 mL 试样溶液（含磷 0.05～1.0 mg）于 50 mL 容量瓶中，加水至 30 mL 左右，与标准溶液系列同条件显色、比色，读取吸光度。

（4）空白试验。除不加试样外，试剂用量和操作同上。

4. 结果表述　全磷含量以质量分数 w 表示：

$$w = \frac{C \times V \times D \times 2.29 \times 0.000\,1}{m}$$

式中　w——全磷含量的质量分数，%；

$\quad C$——由标准曲线差得或由回归方程求得显色液磷浓度，μg/mL；

$\quad V$——显色体积，mL；

$\quad D$——分取倍数（定容体积/分取体积）为 100/5 或 100/10；

$\quad m$——试料的质量，g；

$\quad 2.29$——将磷换算成五氧化二磷（P_2O_5）的因数；

$0.000\,1$——将微克/克（μg/g）换算为质量分数的因数。

取平行测定结果的算术平均值为测定结果，结果保留到小数点后 2 位。

六、畜禽粪肥全钾含量的测定

1. 试剂和材料

（1）硝酸，高氯酸，硫酸，30%过氧化氢，液化石油气。

（2）钾标准贮备溶液。$\rho(K)=1\,000\ \mu g/mL$。

（3）钾标准溶液。$\rho(K)=100\ \mu g/mL$。准确吸取钾标准贮备溶液 10.00 mL 于 100 mL 容量瓶中，用水定容，混匀。

2. 仪器和设备　常规实验室仪器；火焰光度计或原子吸收分光光度计，应对仪器进行调试鉴定，以确保仪器性能指标合格。

3. 测定

（1）试样溶液制备。用硝酸-高氯酸处理。称取试样 0.500 0～4.000 0 g（精确至 0.000 1 g）置于 250 mL 锥形瓶中，加入 20 mL 硝酸，放上小漏斗，在通风橱内缓慢加热至近干，稍冷，加入 2～5 mL 高氯酸，缓慢加热至高氯酸冒白烟，直至溶液呈无色或浅色溶液。冷却至室温，将消煮液移入 250 mL 容量瓶中，用水稀释至刻度，混匀。过滤，弃去最初几毫升滤液，滤液待测。

注：加入硝酸后可浸泡过夜再加热，加入高氯酸后注意不能蒸干。

（2）试样溶液制备。用硫酸-过氧化氢处理。称取试样 0.500 0～4.000 0 g（精确至 0.000 1 g）置于 250 mL 锥形瓶中，加 5～10 mL 硫酸和 3～5 mL 过氧化氢，小心摇匀，放上小漏斗，缓慢加热至沸腾，继续加热保持 30 min，取下，若溶液未澄清，稍冷后，再加入 3～5 mL 过氧化氢，加热至沸腾并保持 30 min，如此反复进行，直至溶液为无色或浅色清液。继续加热 10 min，冷却，将溶液转移入 250 mL 容量瓶中，冷却至室温，用水稀释至刻度，混匀。过滤，弃去最初几毫升滤液，滤液待测。

注：加入硫酸和过氧化氢后可浸泡过夜再加热。

（3）标准曲线绘制。分别准确吸取钾标准溶液 0 mL、2.50 mL、5.00 mL、10.00 mL、15.00 mL、20.00 mL 于 6 个 100 mL 容量瓶中，加水定容混匀。此标准系列溶液钾的质量浓度分别为 0 $\mu g/mL$、2.50 $\mu g/mL$、5.00 $\mu g/mL$、10.00 $\mu g/mL$、15.00 $\mu g/mL$、20.00 $\mu g/mL$。在选定工作条件的火焰光度计上，分别以标准溶液的零点和浓度最高点调节仪器的零点和满度（一般为 80），然后由低浓度到高浓度分别测定各标准溶液的发射强度值。以标准系列溶液钾的质量浓度（$\mu g/mL$）为横坐标，相应的发射强度为纵坐标，绘制工作曲线。

注：可根据不同仪器灵敏度调整标准系列溶液的质量浓度。

（4）试样溶液的测定。试样溶液直接（或用水适当稀释后）在与测定标准系列溶液相同的条件下，测得钾的发射强度，在工作曲线上查出相应钾的质量浓度（μg/mL）。

（5）空白试验。除不加试样外，其他步骤同试样溶液。

4. 结果表述 全钾含量以质量分数 w 计，数值以百分率表示：

$$w = \frac{(\rho - \rho_0)\ D \cdot V \times 1.205}{m \times 10^6} \times 100\%$$

式中　　w——全钾含量的质量分数，%；

ρ——由工作曲线查出的试样溶液钾的质量浓度，μg/mL；

ρ_0——由工作曲线查出的空白溶液中钾的质量浓度，μg/mL；

D——测定时试样溶液的稀释倍数；

V——试样溶液的总体积，mL；

1.205——钾质量换算为氧化钾质量的系数；

m——试料的质量，g；

10^6——将克（g）换算成微克（μg）的系数。

取平行测定结果的算术平均值为测定结果，结果保留到小数点后 2 位。

参 考 文 献

包维卿，刘继军，安捷，等，2018. 中国畜禽粪便资源量评估相关参数取值商榷 [J]. 农业工程学报，36（24）：314-322.

常志州，黄红英，靳红梅，等，2013. 农村面源污染治理的"4R"理论与工程实践——氮磷养分循环利用技术 [J]. 农业环境科学学报，32（10）：1901-1907.

常志州，靳红梅，黄红英，2013. 畜禽养殖场粪便清扫、堆积及处理单元氮损失率研究 [J]. 农业环境科学学报，32（5）：1068-1077.

陈海媛，张宝贵，郭建斌，等，2012. 规模化养殖的中国荷斯坦奶牛产污系数模型的确定 [J]. 中国环境科学，32（10）：1895-1899.

董红敏，朱志平，黄宏坤，等，2016. 畜禽养殖业产污系数和排污系数计算方法 [J]. 农业工程学报，33（5）：397-406.

杜金，张健，2017. 畜禽粪便固液分离机作业效果评价指标的研究 [J]. 中国奶牛（6）：55-58.

范业宽，叶坤合，2002. 土壤肥料学 [M]. 武汉：武汉大学出版社.

国家环境保护总局，2001. HJ/T 81—2001，畜禽养殖业污染防治技术规范 [S]. 北京：中国环境科学出版.

国家环境保护总局，国家市场监督管理总局，2001. GB 18956—2001，畜禽养殖业污染物排放标准 [S]. 北京：中国环境科学出版.

国家市场监督管理总局，国家标准化委员会，2012. GB/T 17643—2011，土工合成材料—聚乙烯土工膜 [S]. 北京：中国标准出版社.

国家市场监督管理总局，国家标准化委员会，2012. GB/T 27622—2011，畜禽粪便贮存设施设计要求 [S]. 北京：中国标准出版社.

贺延龄，1998. 废水的厌氧生物处理 [M]. 北京：中国轻工业出版社.

蒋兆春，等，2006. 奶牛生产关系速查手册 [M]. 江苏：江苏科学技术出版社.

李国林，林雪彦，王中华，等，2015. 山东地区规模化奶牛场田间污水池贮存容积参数估算研究 [J]. 中国畜牧杂志，51（4）：47-52.

李穗中，1991. 氧化塘污水处理技术 [M]. 北京：中国环境科学出版社.

林聪，2006. 沼气技术理论与工程 [M]. 北京：化学工业出版社.

刘德江，张富年，王海波，2008. 沼气生产与利用技术 [M]. 北京：中国农业大学出版社.

刘福元，王学进，张云峰，等，2013. 寒冷地区规模化奶牛场建设及粪污处理示范的调查分析 [J]. 草食家畜（6）：20-25.

刘福元，杨井泉，杨国江，等，2019. 新疆兵团典型作物畜禽粪污土地承载力推荐值估算与应用［J］. 新疆农垦科技，42（11）：28-31.

买买提·阿布都拉，玉苏甫·阿布都拉，刘海涛，等，2006. 和田市近40年蒸发量的变化特征［J］. 气象，32（8）：92-96.

苗运玲，卓世新，杨艳玲，等，2013. 新疆哈密市近50年蒸发量变化特征及影响因子［J］. 干旱气象，31（1）：95-99.

农业农村部农业机械试验鉴定总站，农业农村部农机行业职业技能鉴定指导站，2014. 设施养牛装备操作工：初级中级高级［M］. 北京：中国农业科学技术出版社.

渠清博，杨鹏，翟中葳，等，2016. 规模化畜禽养殖粪便主要污染物产生量预测方法研究进展［J］. 农业资源与环境学报，33（5）：397-406.

全国农业技术推广服务中心，1999. 中国有机肥肥料资源［M］. 北京：中国农业出版社.

全国农业技术推广服务中心，1999. 中国有机肥料养分志［M］. 北京：中国农业出版社.

全国畜牧总站，2016. 畜禽粪便资源化利用技术——种养结合模式［M］. 北京：中国农业科学技术出版社.

全国畜牧总站，中国饲料工业协会，国家畜禽养殖废弃物资源化利用科技创新联盟，2017. 肥水资源利用技术指南［M］. 北京：中工农业技术出版社.

全国畜牧总站，中国饲料工业协会，国家畜禽养殖废弃物资源化利用科技创新联盟，2017. 粪便好氧堆肥技术指南［M］. 北京：中工农业技术出版社.

全国畜牧总站，中国饲料工业协会，国家畜禽养殖废弃物资源化利用科技创新联盟，2017. 土地承载力测算技术指南［M］. 北京：中工农业技术出版社.

全国畜牧总站，中国饲料工业协会，国家畜禽养殖废弃物资源化利用科技创新联盟，2017. 畜禽粪肥检测技术指南［M］. 北京：中工农业出版社.

任南琪，王爱杰，等，2004. 厌氧生物技术原理与应用［M］. 北京：化学工业出版社.

唐凯，王柏林，姜海波，等，2016. 新疆石河子市近51年蒸发量变化特征分析［J］. 水电能源科学，34（11）：17-21.

王方浩，马文，窦争霞，等，2006. 中国畜禽粪便产生量估算及环境效应［J］. 中国环境科学，26（5）：614-617.

王忙生，2017. 畜牧业清洁生产与审核［M］. 北京：中国农业出版社.

王新谋，1997. 家畜粪便学［M］. 上海：上海交通大学出版社.

王学君，王晓佩，唐洪峰，2017. 规模化奶牛场科学建设预生产管理［M］. 郑州：河南科学技术出版社.

吴建敏，徐加宽，徐俊，等，2009. 规模养殖畜禽粪便污染物监测与评价［J］. 农业环境与发展，26（2）：80-83

吴婉娥，葛红光，张克峰，2003. 废水生物处理技术［M］. 北京：化学工业出版社.

席磊，程璞，2005. 畜禽环境管理关键技术［M］. 郑州：中原农民出版社.

翟中葳，等，2020. 奶牛场垫料使用技术［M］. 北京：中国农业出版社.

张振伟，庞伟英，周玉香，等，2015. 宁夏地区不同生长阶段奶牛产污系数的对比分析 [J]. 家畜生态学报，36（1）：50-54.

赵冰，2014. 有机肥生产使用手册 [M]. 北京：金盾出版社.

赵立欣，董保成，田宜水，2007. 大中型沼气工程技术 [M]. 北京：化学工业出版社.

赵希彦，郑翠芝，2009. 畜禽环境卫生 [M]. 北京：化学工业出版社.

郑久坤，杨军香，2013. 粪污处理主推技术 [M]. 北京：中国科学技术出版社.

中华人民共和国建设部，国家市场监督管理总局，2003. GB 50069—2002，给水排水工程构筑物结构设计规范 [S]. 北京：中国建筑工业出版社.

中华人民共和国农业农村部，2021. NY 525—2021，有机肥料 [S]. 北京：中国农业出版社.

Marcy Ford，Ron Fleming，2002. Mechanical solid - liquid separation of livestock manure literature review [D]. Toronto：University of Guelph.

附　　录

1. 本书中涉及计量单位符号

附表 1　计量单位符号与其名称对照表

单位符号	名称
g	克
mg	毫克
d	天（日）
kg	千克
L，l	升
t	吨
m	米
km	千米
℃	摄氏度
cm	厘米
h	〔小〕时
a	年
s	秒
N	牛〔顿〕
W	瓦〔特〕
r	转
CFU	菌落形成单位
MPN	最大可能数法
Pa	帕〔斯卡〕
min	分
kW·h	千瓦时
V	伏〔特〕
hm²	公顷

2. 法律法规

《中华人民共和国环境保护法》

《中华人民共和国环境保护税法》

《中华人民共和国环境保护税法实施条例》

《中华人民共和国固体废物污染环境防治法》

《中华人民共和国水污染防治法》

《中华人民共和国土地管理法》

《中华人民共和国土壤污染防治法》

《中华人民共和国循环经济促进法》

《中华人民共和国清洁生产促进法》

《水污染防治行动计划》

《畜禽养殖禁养区划定技术指南》

《关于进一步明确畜禽粪污还田利用要求强化养殖污染监管的通知》

《畜禽规模养殖污染防治条例》

《国务院办公厅关于加快推进畜禽养殖废弃物资源化利用的意见》

《畜禽粪污土地承载力测算技术指南》

《关于加快推进农业清洁生产的意见》

《农业面源污染治理与监督指导实施方案（试行）》

《规范畜禽粪污处理降低养分损失技术指导意见》

3. 标准文件

GB 18596—2001 畜禽养殖业污染物排放标准

GB 16568—2006 奶牛场卫生规范

GB/T 24875—2010 畜禽粪便中铅、镉、铬、汞的测定 电感耦合等离子体质谱法

GB/T 24876—2010 畜禽养殖污水中七种阴离子的测定 离子色谱法

GB/T 25169—2010 畜禽粪便监测技术规范

GB/T 25171—2010 畜禽养殖废弃物管理术语

GB/T 25246—2010 畜禽粪便还田技术规范

GB/T 26622—2011 畜禽粪便农田利用环境影响评价准则

GB/T 26624—2011 畜禽养殖污水贮存设施设计要求

GB/T 27622—2011 畜禽粪便贮存设施设计要求

GB/T 27522—2011 畜禽养殖污水采样技术规范

GB/T 28740—2012 畜禽养殖粪便堆肥处理与利用设备

GB/T 32951—2016 有机肥料中土霉素、四环素、金霉素与强力霉素*的

---

* 多西环素，又称强力霉素。——编者注

含量测定 高效液相色谱法

GB/T 36195—2018 畜禽粪便无害化处理技术规范

GB/T 40462—2021 有机肥料中19种兽药残留量的测定 液相色谱串联质谱法

NY/T 1144—2020 畜禽粪便干燥机 质量评价技术规范

NY/T 1168—2006 畜禽粪便无害化处理技术规范

NY/T 1221—2006 规模化畜禽养殖场沼气工程运行、维护及其安全技术规程

NY/T 1222—2006 规模化畜禽养殖场沼气工程设计规范

NY/T 1334—2007 畜禽粪便安全使用准则

NY/T 1567—2007 标准化奶牛场建设规范

NY/T 1569—2007 畜禽养殖场质量管理体系建设通则

NY/T 1868—2021 肥料合理使用准则 有机肥料

NY/T 2079—2011 标准化奶牛养殖小区项目建设标准

NY/T 2599—2014 规模化畜禽养殖场沼气工程验收规范

NY/T 2600—2014 规模化畜禽养殖场沼气工程设备选型技术规范

NY/T 2662—2014 标准化养殖场 奶牛

NY/T 3023—2016 畜禽粪污处理场建设标准

NY/T 3119—2017 畜禽粪便固液分离机 质量评价技术规范

NY/T 3161—2017 有机肥料中砷、镉、铬、铅、汞、铜、锰、镍、锌、锶、钴的测定 微波消解-电感耦合等离子体质谱法

NY/T 3442—2019 畜禽粪便堆肥技术规范

NY/T 3612—2020 序批式厌氧干发酵沼气工程设计规范

NY/T 3670—2020 密集养殖区畜禽粪便收集站建设技术规范

NY/T 3828—2020 畜禽粪便食用菌基质化利用技术规范

NY/T 3877—2021 畜禽粪便土地承载力测算方法

NY/T 3958—2021 畜禽粪便安全还田施用量计算方法

NY/T 300—1995 有机肥料速效磷的测定

NY/T 301—1995 有机肥料速效钾的测定

NY/T 302—1995 有机肥料水分的测定

NY/T 303—1995 有机肥料粗灰分的测定

NY/T 304—1995 有机肥料有机物总量的测定

NY/T 305.1—1995 有机肥料铜的测定方法

NY/T 305.2—1995 有机肥料锌的测定方法

NY/T 305.3—1995 有机肥料铁的测定方法

NY/T 305.4—1995 有机肥料锰的测定方法

NY/T 388—1999 畜禽场环境质量标准

NY/T 525—2021 有机肥料

HJ 497—2009 畜禽养殖业污染治理工程技术规范

HJ 1029—2019 排污许可证申请与核发技术规范 畜禽养殖行业

HJ 1088—2020 排污单位自行监测技术指南 磷肥、钾肥、复混肥料、有机肥料和微生物肥料

HJ/T 81—2001 畜禽养殖业污染防治技术规范

HJ BAT—10 规模畜禽养殖场污染防治最佳可行技术指南（试行）

JB/T 10131—2010 饲养场设备 厩用粪肥刮板输送机

JB/T 11245—2012 污泥堆肥翻堆曝气发酵仓

JB/T 11247—2012 链条式翻堆机

JB/T 11379—2013 粪便消纳站固液分离设备

JB/T 11380—2013 粪便消纳站絮凝脱水设备

JB/T 11830—2014 粪便消纳站除臭设备

JB/T 11831—2014 粪便消纳站堆肥翻堆机设备

JB/T 12450—2015 畜牧机械 清粪系统

JB/T 13739—2019 堆肥用功能性覆盖膜

JB/T 13756—2019 畜禽粪便固液分离机

4. 新疆生产建设兵团"畜禽粪污土地承载力测评系统"使用方法

（1）网址链接

www. xqfwtdczl.com（xqfwtdczl"畜禽粪污土地承载力"首个小写字母）

（2）注册

第一次登陆的用户需要输入手机号、用户名、密码设置、统一社会代码、所在师团、单位地址、上传组织机构代码证，管理员审核，最后注册成功。

（3）计算前准备（步骤 1）

用户通过系统登录界面，输入用户的账号及密码登录本系统之后，会直接进入"计算前准备"页，方便用户的操作，然后点击"点我开始计算！"即可。

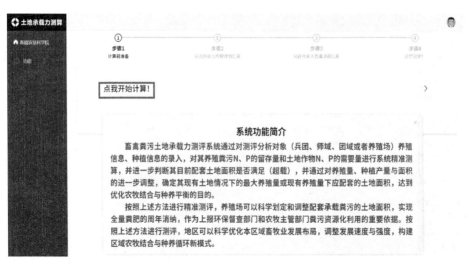

（4）选择计算模式

系统分为兵团、师域、团场、养殖场 4 种类型，养殖场又根据粪污收集处理工艺的不同细分为 6 种类型。逐级选择双击需要的计算模式，即可进入下一步骤。

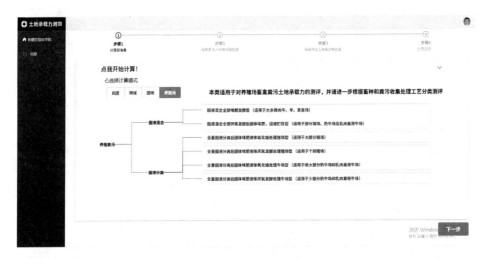

（5）勾选并录入作物详细信息（步骤 2）

用户需录入作物产量与面积信息，完成后点击右下角"下一步"。注意"兵团"和"师域"产量单位是"吨"，面积单位是"公顷"。"团场"和"养殖场"产量单位是"吨"，面积单位是"亩"。

例如，录入玉米 150 t，10 hm²；棉花 600 t，150 hm²。

当填写信息较多容易产生遗漏时，可以将鼠标移动到"填写信息"的位置，系统会弹出已经填写的作物信息，方便查看。

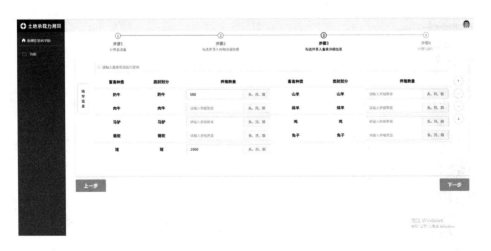

（6）勾选并录入畜禽详细信息（步骤 3）

在本步骤当中，用户需要录入畜禽养殖数量，完成后点击右下角的"下一步"，系统直接完成计算结果。

例如，录入奶牛 500 头，猪 1000 头。

（7）录入信息计算（步骤 4）

根据上述录入的种养殖信息，系统分别估算出区域土地承载力目前现状和未来潜力。得到承载力指数按氮估算为 0.4132，按磷估算为 0.4631，按氮估算为 10486 个猪当量，按磷估算为 9357 个猪当量。

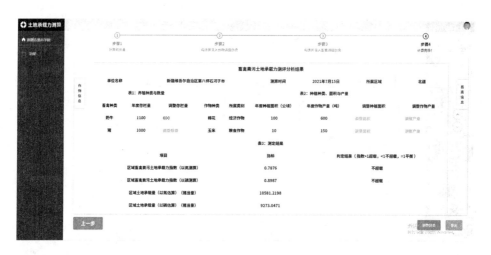

（8）测评结果调整

并可以根据实际需要进行种养殖信息的调整，并按"调整结果"，得到最终信息。

例如：奶牛存栏量增加600头，猪1000头的结果。

（9）结果的导出与保存

按右下角的"导出"，测评分析结果会直接导出并以 Word 文档格式下载到电脑桌面。打开 Word 文档得到一张表竖向的"畜禽粪污土地承载力精准测算与潜力评估结果"

畜禽粪污土地承载力测评分析结果

新建下载任务		×
网址:	blob:http://xqfwfdczl.com/466f0311-be8e-4ad0-9d44-22a6a	
文件名:	2021年7月15日测算结果.doc　　WORD文档 143.36 KB	
下载到:	C:\Users\Administrator\Desktop　剩: 50.18 GB　▼　浏览	

下载并打开　下载　取消

项目	指标	判定结果（指数>1超载，<1不
区域畜禽粪污土地承载力指数（以氮测算）	0.7876	不超载
区域畜禽粪污土地承载力指数（以磷测算）	0.8987	不超载
区域土地承载量（以氮估算）（猪当量）	10581.2198	
区域土地承载量（以磷估算）（猪当量）	9273.0471	

2021年7月15
日测算结果

畜禽粪污土地承载力精准测算与潜力评估结果

单位名称	新疆维吾尔自治区第八师石河子市	测算年度	2021.7.15	所属区域	北疆

表1：养殖种类与数量		表2：种植种类、面积与产量				
畜禽种类	年度存栏量（头、只、羽）	调整存栏量（头、只、羽）	作物种类	所属类别	年度种植面积（亩）	年度作物产量（吨）	调整种植面积（亩）	调整作物产量（吨）
牛	1,100	600	棉花	经济作物	100	600		
猪	1000		玉米	粮食作物	10	150		

表3：测定结果

项目	指标	判定结果
区域畜禽粪污土地承载力指数（以氮测算）	0.7876	不超载
区域畜禽粪污土地承载力指数（以磷测算）	0.8987	不超载
区域土地承载量（以氮估算）（猪当量）	10581.2198	
区域土地承载量（以磷估算）（猪当量）	9273.0471	
区域最大承载量（猪当量）	9273.0471	
区域内可增加承载量（猪当量）	939.7138	